Química no contexto da educação de jovens e adultos

Daniele Cecília Ulsom de Araújo Checo

Rua Clara Vendramin, 58 | Mossunguê
CEP 81200-170 | Curitiba-PR | Brasil
Fone: (41) 2106-4170
www.intersaberes.com
editora@intersaberes.com

Conselho editorial
- Dr. Ivo José Both (presidente)
- Dr.ª Elena Godoy
- Dr. Neri dos Santos
- Dr. Ulf Gregor Baranow

Editora-chefe
- Lindsay Azambuja

Gerente editorial
- Ariadne Nunes Wenger

Assistente editorial
- Daniela Viroli Pereira Pinto

Preparação de originais
- Luiz Gustavo Micheletti Bazana

Edição de texto
- Gustavo Piratello de Castro
- Mycaelle Albuquerque Sales
- Tiago Krelling Marinaska

Capa e projeto gráfico
- Luana Machado Amaro (*design*)
- Halfpoint/Shutterstock (imagem)

Diagramação
- Carolina Perazzoli

Equipe de *design*
- Débora Gipiela
- Luana Machado Amaro

Iconografia
- Sandra Lopis da Silveira
- Regina Claudia Cruz Prestes

Dados Internacionais de Catalogação na Publicação (CIP)
(Câmara Brasileira do Livro, SP, Brasil)

Checo, Daniele Cecília Ulsom de Araújo
  Química no contexto da educação de jovens e adultos/
Daniele Cecília Ulsom de Araújo Checo. (Série Aspectos
Educacionais de Química).

  Bibliografia.
  ISBN 978-65-5517-985-9

  1. Educação de Jovens e Adultos 2. Química (Ensino
fundamental) I. Título. II. Série.

21-58297   CDD-372.35

Índices para catálogo sistemático:

1. Química: Ensino fundamental   372.35

Cibele Maria Dias – Bibliotecária – CRB-8/9427

1ª edição, 2021.

Foi feito o depósito legal.

Informamos que é de inteira responsabilidade da autora a emissão de conceitos.

Nenhuma parte desta publicação poderá ser reproduzida por qualquer meio ou forma sem a prévia autorização da Editora InterSaberes.

A violação dos direitos autorais é crime estabelecido na Lei n. 9.610/1998 e punido pelo art. 184 do Código Penal.

Sumário

Apresentação ☐ 6
Como aproveitar ao máximo este livro ☐ 8

Capítulo 1
Aspectos históricos da educação de jovens e adultos no Brasil ☐ 12
1.1 Iniciativas da EJA ☐ 13
1.2 Campanhas em prol da EJA ☐ 15
1.3 Movimento Brasileiro de Alfabetização ☐ 18
1.4 Dimensão do analfabetismo no Brasil ☐ 24

Capítulo 2
Legislação e organização da educação de jovens e adultos no Brasil ☐ 37
2.1 Trajetória das legislações para a EJA ☐ 38
2.2 Diretrizes Curriculares Nacionais para a EJA ☐ 45
2.3 Funções da EJA ☐ 62
2.4 Recomendações para a EJA ☐ 64

Capítulo 3
Paulo Freire e suas contribuições para a educação de jovens e adultos no Brasil ☐ 74
3.1 Concepções de EJA ☐ 75
3.2 Contribuições de Paulo Freire para a EJA ☐ 79
3.3 Métodos na EJA ☐ 82
3.4 Teorias de Paulo Freire ☐ 86

Capítulo 4
A educação de jovens e adultos e o mundo do trabalho ◻ 93
4.1 Educação popular ◻ 94
4.2 O papel da EJA no mundo do trabalho ◻ 98
4.3 Metodologias para a EJA e o mundo do trabalho ◻ 102
4.4 Necessidades de adaptação na EJA ◻ 111

Capítulo 5
Tendências atuais da educação de jovens e adultos ◻ 125
5.1 Processo de ensino e aprendizagem na EJA ◻ 126
5.2 O currículo da EJA ◻ 133
5.3 A avaliação na EJA ◻ 142
5.4 O público da EJA ◻ 148

Capítulo 6
Ensino de Química na educação de jovens e adultos ◻ 159
6.1 Dificuldades no ensino de Química na EJA ◻ 160
6.2 A prática na EJA ◻ 163
6.3 Conteúdos de Química para a EJA ◻ 165
6.4 Metodologias do ensino de Química para a EJA ◻ 172
6.5 Atividades de Química para a EJA ◻ 177

Considerações finais ◻ 191
Lista de siglas ◻ 193
Referências ◻ 195
Bibliografia comentada ◻ 210
Respostas ◻ 213
Sobre a autora ◻ 219

Dedicatória

Aos meus pais, Valdir e Maria Cecília, que são minha rocha firme e meu porto seguro, pelo amor que me dão e por crerem em mim desde a concepção.

Ao meu esposo, Rafael, pelo amor, pela confiança e pelo incentivo em todos os momentos de minha caminhada.

A todos os professores que, assim como eu, creem na educação brasileira e no poder da mudança.

Apresentação

Muitos de nós, como educadores ou alunos, já ouvimos o termo *EJA* no cotidiano. Algum familiar, amigo ou conhecido que concluiu uma etapa da formação escolar nessa modalidade de ensino ou noticiários e matérias que tratam do assunto já nos fizeram pensar em como funciona o processo de ensino e aprendizagem nessa modalidade diferenciada e, pela perspectiva assumida de forma particular neste livro, em como se deve ensinar Química para o público que a frequenta.

Diante desses questionamentos, é possível perceber a necessidade de conhecer essa rica modalidade de ensino, que conta com a presença de sujeitos ímpares no contexto pedagógico e com experiências completamente diferentes daquelas vividas na educação básica regular. Logo, a obra em questão busca fomentar o estudo da modalidade da **educação de jovens e adultos (EJA)** tendo em vista a caminhada de professores da educação básica brasileira, ou seja, voltando-se para a atividade dos docentes, principalmente da disciplina de Química.

Com esse propósito, nos Capítulos 1 e 2, vamos examinar a origem histórica da EJA e a evolução da legislação voltada a essa modalidade. Como veremos, muitos empecilhos e barreiras surgiram e impediram o crescimento e o avanço da EJA no Brasil, como a burocracia, os interesses sociais e políticos, a falta de verbas e as dificuldades encontradas em sala de aula.

No Capítulo 3, vamos analisar as teorias que embasam e norteiam os trabalhos da EJA à luz dos conceitos desenvolvidos por Paulo Freire. Serão enfocados seus métodos e suas teorias, concepções e contribuições para o desenvolvimento da educação popular e dos processos de ensino e aprendizagem na modalidade.

No Capítulo 4, vamos tratar do perfil do aluno de EJA e como ele se enquadra no mundo do trabalho. Para tanto, serão discutidas as necessidades de adaptação, as dificuldades enfrentadas e a metodologia aplicada na EJA voltada ao mercado de trabalho.

Já no Capítulo 5, vamos analisar qual é o público da EJA, pois esse conhecimento é fundamental para que se possam adotar métodos pertinentes e significativos no ensino de qualquer disciplina, especialmente a Química.

Por fim, no Capítulo 6, vamos abordar alguns aspectos históricos, legislativos, teóricos e práticos acerca da EJA no Brasil, com foco no ensino de Química. Nesse contexto, serão examinadas as dificuldades encontradas por professores em salas de aula da EJA, assim como as práticas a serem desenvolvidas, os conteúdos mais pertinentes, as situações metodológicas e as atividades aplicadas, além de relatos de experiências reais de professores dessa modalidade.

Desejamos a todos uma boa leitura!

Como aproveitar ao máximo este livro

Empregamos nesta obra recursos que visam enriquecer seu aprendizado, facilitar a compreensão dos conteúdos e tornar a leitura mais dinâmica. Conheça a seguir cada uma dessas ferramentas e saiba como estão distribuídas no decorrer deste livro para bem aproveitá-las.

Introdução do capítulo

Logo na abertura do capítulo, informamos os temas de estudo e os objetivos de aprendizagem que serão nele abrangidos, fazendo considerações preliminares sobre as temáticas em foco.

Para saber mais
Sugerimos a leitura de diferentes conteúdos digitais e impressos para que você aprofunde sua aprendizagem e siga buscando conhecimento.

Curiosidade
Nestes boxes, apresentamos informações complementares e interessantes relacionadas aos assuntos expostos no capítulo.

Síntese
Ao final de cada capítulo, relacionamos as principais informações nele abordadas a fim de que você avalie as conclusões a que chegou, confirmando-as ou redefinindo-as.

Atividades de autoavaliação
Apresentamos estas questões objetivas para que você verifique o grau de assimilação dos conceitos examinados, motivando-se a progredir em seus estudos.

Atividades de aprendizagem

Aqui apresentamos questões que aproximam conhecimentos teóricos e práticos a fim de que você analise criticamente determinado assunto.

Atividades de aprendizagem
Questões para reflexão

1. Depois de conhecer a concepção de Paulo Freire para a EJA, como você poderia planejar uma conversa inicial com sua turma e uma posterior seleção de conteúdos da disciplina de Química a serem abordados ao longo do curso? Lembre-se do caráter problematizador e da necessidade de considerar as experiências diversas trazidas pelos estudantes.
2. Tendo em vista a reflexão feita anteriormente, procure informações a respeito das iniciativas tomadas em centros de EJA para alfabetização nos moldes de Paulo Freire. Tome nota dos relatos de vivências e experiências de professores e alunos e compare-os com as experiências vividas por Freire mencionadas neste capítulo.

Atividade aplicada: prática

1. Leia a obra *Pedagogia do oprimido*, de Paulo Freire (1987), com um olhar crítico de um educador libertador. Em seu fichamento, faça anotações acerca do problema trazido na obra, identifique as estratégias para a libertação, resuma o método apresentado pelo autor para que ocorra a transformação por meio da educação e destaque frases que se apliquem a sua rotina de estudos, trabalho ou vivência como educador.

Bibliografia comentada

Nesta seção, comentamos algumas obras de referência para o estudo dos temas examinados ao longo do livro.

Bibliografia comentada

CAVALCANTI, E. L. D. **Role playing game e ensino de Química**. Curitiba: Appris, 2018.

A obra procura retratar o uso de jogos de *role playing game* como estratégia pedagógica no ensino de Química, inserindo o lúdico como ferramenta para criar problematizações.

FARIA, D. S. **Química**: educação de jovens e adultos. Curitiba: InterSaberes, 2016.

O livro apresenta sugestões de textos, exercícios e exemplos simples e claros para relacionar teoria e aplicação de assuntos trabalhados em Química voltados para turmas da EJA. É um excelente material de apoio para o professor que deseja adaptar livros didáticos em sala de aula e propor resoluções de problemas com os alunos no decorrer do curso.

GADOTTI, M. **Paulo Freire**: uma biobibliografia. São Paulo: Cortez; Instituto Paulo Freire, Brasília: Unesco, 1996. Disponível em: <http://acervo.paulofreire.org:8080/jspui/bitstream/7891/3078/1/FPF_PTPF_12_069.pdf>. Acesso em: 2 fev. 2021.

A obra apresenta uma reunião de textos, artigos, cartas e demais escritos acerca da vida e da obra de Paulo Freire sob a ótica reflexiva da educação popular. Está dividida em duas partes principais: os escritos de Paulo Freire e as obras sobre ele. Ao apresentar a visão do filósofo e pensador e os comentários de outros estudiosos e pesquisadores, o livro funde com maestria as percepções passadas e atuais acerca da educação de jovens e adultos (EJA) de forma crítica e profunda, constituindo uma obra histórica de referência do legado de Paulo Freire e uma síntese de pesquisa sobre uma das concepções mais vivas da educação contemporânea, como afirma o organizador Moacir Gadotti.

Capítulo 1

Aspectos históricos da educação de jovens e adultos no Brasil

Antes de nos aprofundarmos no ensino de Química para a modalidade de educação de jovens e adultos (EJA), é necessário discutir alguns aspectos históricos que permitiram a implementação da EJA, o que incentivou pesquisadores, teóricos e agentes da educação a instaurar iniciativas que surtissem efeitos na lacuna educacional brasileira.

Assim, neste capítulo, vamos examinar as primeiras iniciativas brasileiras voltadas à educação nesse segmento e os fatores históricos envolvidos na primeira grande campanha de EJA e no Movimento Brasileiro de Alfabetização (Mobral), além de analisar o panorama nacional de analfabetismo, considerando *rankings* e índices atualizados e contextualizados.

1.1 Iniciativas da EJA

No Brasil, as primeiras iniciativas da EJA datam do período colonial, entre os séculos XVI e XIX, por meio da catequização realizada pelos jesuítas, e mostraram-se de forma mais ativa no período imperial, tendo em vista a criação de escolas noturnas em quase todas as províncias do país para suprir a grande necessidade de alfabetização em virtude da urbanização e da industrialização que transformavam a sociedade (Sales, 2008).

Na década de 1920, o Decreto n. 16.782-A, de 13 de janeiro de 1925, que instituiu o que ficou conhecido como **Reforma João Alves**, reforçou as estratégias para atingir a educação básica, principalmente aquelas focadas em programas de combate ao analfabetismo (Brasil, 1925). Essa preocupação é interpretada, muitas vezes, como uma ação relacionada à necessidade da alfabetização do adulto para exercer o poder de voto, uma vez que os analfabetos não eram convocados para as eleições.

Inicialmente, a EJA atendia adultos migrantes de diversas áreas rurais brasileiras que iam para as cidades em busca de melhores condições de vida (Souza, 2012). O governo pretendia combater os altos índices de analfabetismo dessa parcela da população e, por consequência, incentivar o desenvolvimento do país. Imagine-se como um membro da elite brasileira da época. Você permitiria que seus empregados tivessem os mínimos requisitos educacionais (ler e escrever o próprio nome, por exemplo), mas não gostaria de ser afrontado por um funcionário bem letrado que pudesse colocar em risco o controle ideológico sobre a classe trabalhadora (Almeida; Corso, 2015).

Mais tarde, na década de 1940, durante o Estado Novo, por meio das **Leis Orgânicas de Ensino**, foram estruturadas as modalidades comercial, industrial e agrícola de ensino, o Serviço Nacional de Aprendizagem Industrial (Senai) e o Serviço Nacional de Aprendizagem Comercial (Senac) – voltados à formação de força de trabalho para os principais setores da produção –, bem como o ensino primário supletivo, destinado a adultos e a adolescentes a partir dos 13 anos (Medeiros Neta et al., 2018). Os decretos instaurados deram início à organização do tão conturbado sistema educacional brasileiro da época e só sofreram alterações e modificações com a Lei n. 4.024, de 20 de dezembro de 1961 (Brasil, 1961b).

Havia, nesse momento, uma latente preocupação governamental em melhorar o cenário educacional brasileiro.

Apesar de toda a burocracia, algumas iniciativas fizeram grande diferença e embasaram futuras decisões, como a criação do Fundo Nacional de Ensino Primário, por meio do Decreto-Lei n. 4.958, de 14 de novembro de 1942 (Brasil, 1942), que destinava recursos para a ampliação e a melhoria do sistema escolar primário de todo o país e do Serviço de Educação de Adultos (SEA). De acordo com Sales (2008, p. 28-29), o SEA

> tinha a intenção de implantar um plano nacional de educação de jovens e adultos analfabetos e acabou imprimindo, naquele momento, um ritmo acelerado na área de educação de jovens e adultos, os quais precisavam tanto se adequar ao processo de produção industrial como estar aptos a exercerem o direito de voto.

A educação primária era assegurada pela Constituição de 1934 (Brasil, 1934), e o desenvolvimento dos trabalhos do SEA recebeu destaque nacional. Como resultado, surgiram as campanhas de educação, que perduraram de 1947 a 1963.

1.2 Campanhas em prol da EJA

Três grandes campanhas marcaram o período de redemocratização brasileira:

1. Campanha de Educação de Adolescentes e Adultos (CEAA), em 1947;
2. Campanha Nacional de Educação Rural (CNER), em 1952;
3. Campanha Nacional de Erradicação do Analfabetismo (CNEA), em 1958.

Tendo em vista a necessidade de ampliar o número de eleitores e incentivar a produção econômica brasileira, essas iniciativas ganharam força na integração de migrantes e recém-chegados aos grandes centros urbanos.

A primeira grande campanha de EJA foi lançada pelo governo com o intuito de atender às recomendações e aos apelos da Organização das Nações Unidas para a Educação, a Ciência e a Cultura (Unesco) a favor da educação popular. Em 1947, a CEAA teve início sob o comando do educador Lourenço Filho (1897-1970) e foi vista como uma possibilidade de formação e de melhora da situação do Brasil nas estatísticas mundiais de alfabetização (Paiva, 1973).

A campanha significava o combate ao marginalismo, conforme o pronunciamento de Lourenço Filho (citado por Paiva, 1987, p. 179):

> devemos educar os adultos, antes de tudo, para que esse marginalismo desapareça, e o país possa ser mais coeso e mais solidário; devemos educá-los para que cada homem ou mulher melhor possa ajustar-se à vida social e às preocupações de bem-estar e progresso social. E devemos educá-los porque essa é a obra de defesa nacional, porque concorrerá para que todos melhor saibam defender a saúde, trabalhar mais eficientemente, viver melhor em seu próprio lar e na sociedade em geral.

A campanha tinha duas formas de ação: (1) extensiva e (2) de profundidade. A **extensiva** priorizava a alfabetização em massa da população (ler e escrever), em um período condensado de três meses, e o ensino do currículo primário, em um período também condensado, de sete meses. A de **profundidade** buscava a capacitação profissional para a atuação na sociedade. Inicialmente, priorizaram-se a implantação e a expansão da rede de escolas que ofereciam ensino supletivo à população e, a partir da década de 1950, a campanha passou a abranger a comunidade rural, movimento este que não surtiu os efeitos esperados pelos organizadores.

Os principais problemas observados no decorrer das atividades foram a baixa remuneração dos docentes; o fato de os currículos serem iguais aos da educação infantil, mesmo existindo uma preocupação em elaborar cartilhas, folhetos e materiais próprios para o segmento; as condições precárias das instalações; e a evasão da sala de aula.

Em 1952, ocorreu o I Congresso Nacional de Educação de Adultos, cujo *slogan* era "ser brasileiro é ser alfabetizado" (Almeida; Corso, 2015, p. 1287). Entretanto, tendo em vista os problemas observados e os dados obtidos no censo realizado na década de 1950, segundo o qual mais da metade da população acima dos 15 anos continuava analfabeta (Silva; Lima, 2017), o Ministério da Educação (MEC) organizou mais duas campanhas: a CNER e a CNEA, que surtiram pouco efeito em relação ao esperado.

Em meio a péssimas avaliações e fortes críticas, em 1958, a comunidade acadêmica reuniu-se no II Congresso Nacional da Educação de Adultos, que foi considerado um grande passo para a EJA. Para Almeida e Corso (2015), a CEAA pouco contribuiu para uma efetiva valorização do magistério, pois manteve insuficientes o salário e a qualificação dos professores.

Reconhecendo o fracasso das campanhas encabeçadas pelo governo para a erradicação do analfabetismo, o referido congresso promoveu a discussão de novas perspectivas para o trabalho com a população jovem e adulta analfabeta, por meio de uma abordagem menos preconceituosa e mais focada no modo como essa parcela da população consegue aprender (Paiva, 1973).

Nesse congresso, o educador **Paulo Freire** (1921-1997), que será estudado mais a fundo no terceiro capítulo desta obra, destacou-se como o principal representante da área progressista da educação, ao alertar sobre os problemas metodológicos que geravam e agravavam o analfabetismo.

De acordo com Silva e Lima (2017), a CEAA funcionou até 1963, quando foi extinta junto com as demais campanhas lançadas até aquele momento pelo MEC, mas o pensamento freireano permaneceu para inspirar novos programas de alfabetização de adultos na década de 1960.

1.3 Movimento Brasileiro de Alfabetização

Como as campanhas de EJA falharam, percebeu-se a necessidade de estabelecer uma conscientização do educando e um engajamento maior da sociedade por meio do uso de associações de bairro, igrejas, ginásios de esportes e demais locais que pudessem ser abertos para oferecer aulas à parcela analfabeta da população. Com esse propósito, na década de 1960, surgiram o Movimento de Cultura Popular (MCP), o Movimento de Educação de Base (MEB) e a Cruzada ABC (Ação Básica Cristã), entre outras iniciativas que utilizavam predominantemente a metodologia difundida por Paulo Freire, com a intenção de elevar o nível cultural das massas e, paralelamente, conscientizá-las, conforme observa Beisiegel (1997).

Todavia, o decorrer da década de 1960 trouxe um cenário completamente diferente para os defensores da escola popular. Vale lembrar que, a partir de 1960, a EJA não contemplava apenas o ensino primário, mas também o curso ginasial. Uma iniciativa de cunho religioso protestante, a Cruzada ABC, foi incentivada pelo governo federal com apoio financeiro da Agência dos Estados Unidos para o Desenvolvimento Internacional (Usaid), visto que os índices de analfabetismo continuavam a assolar o país. Esse tipo de iniciativa perdurou de 1965 a 1967, mas perdeu força e prestígio conforme avançava pelo país.

Com a ditadura militar, esses grupos foram considerados de esquerda e os militares, com o apoio da elite civil, repreenderam e aboliram programas, reformas, manifestações e movimentos de ensino popular, mantendo apenas o MEB, sob diversas restrições e condições de funcionamento.

Sob pressão internacional e, sobretudo, de órgãos como a Unesco, o governo federal, durante a presidência de Emílio Médici, assumiu a responsabilidade e o controle da alfabetização de jovens e adultos e, por meio da Lei n. 5.379, de 15 de dezembro de 1967, criou a fundação Movimento Brasileiro de Alfabetização (Mobral), cujo objetivo era reduzir as taxas de analfabetismo e erradicá-lo até 1971 (Brasil, 1967).

Figura 1.1 – Propaganda do Mobral apoiada pela Editora Abril

Fonte: Hernandez, 2012.

O movimento começou efetivamente seus trabalhos em setembro de 1970, após um período de reunião e organização de estratégias de ação, e contou com recursos da loteria esportiva e do Imposto de Renda (IR), além de doações de empresas estatais e particulares (Cunha; Xavier, 2009).

De acordo com Souza (2012, p. 51),

> O Mobral tinha três características básicas: independência institucional e financeira face aos sistemas regulares de

ensino e aos demais programas de educação de adultos; articulação de uma organização operacional descentralizada, apoiada em comissões municipais incumbidas de promover a realização da campanha nas comunidades; centralização das orientações do processo educativo. Havia a Gerência Pedagógica Central, que cuidava da organização da programação de execução e da avaliação dos trabalhos.

As ações do Mobral eram realizadas preferencialmente à noite, para aproveitar a estrutura de escolas, igrejas, salões e demais locais que abrissem suas portas aos alfabetizadores e aos alunos. O foco inicial do programa foi o atendimento a jovens e adultos de 15 a 35 anos. Em 1974, começou a atender alunos a partir dos 9 anos, com o intuito de desafogar as séries primárias abarrotadas de novos estudantes e repetentes, visto que tinham grande potencial de mão de obra.

Para saber mais

PORTAL DOMÍNIO PÚBLICO. Disponível em: <http://www.dominiopublico.gov.br/pesquisa/PesquisaObraForm.jsp>. Acesso em: 25 jan. 2021.

A experiência do Mobral, apesar de ter sofrido diversas adaptações pelo governo da época, merece ser estudada e analisada em virtude do impacto gerado. No *site* indicado, você encontra diversos documentos do Ministério da Educação e demais publicações e relatos sobre o assunto, de forma gratuita e livre para acesso e estudo da população interessada.

QUE REPÚBLICA É ESSA? **Mobral**. 21 jan. 2021. Disponível em: <http://querepublicaeessa.an.gov.br/temas/66-filme/191-mobral.html>. Acesso em: 25 jan. 2021.

Além da proposta de alfabetização, o Mobral procurava valorizar a cultura local por meio da Mobralteca, dos postos culturais e de outras iniciativas. No *site* indicado, você pode conhecer as atividades coordenadas por esse movimento no interior do país, com vistas a fomentar o desenvolvimento dos talentos artísticos locais.

A atuação típica do Mobral, de acordo com Cunha e Xavier (2009), era dividida em quatro programas básicos:

1) alfabetização funcional, com cinco meses de duração e duas horas diárias de aulas, em postos onde os alunos eram escolarizados sob a direção de monitores; 2) educação integrada, com 12 meses de duração, posteriores à alfabetização, compreendendo as primeiras séries do ensino de primeiro grau; 3) desenvolvimento comunitário, com dois meses de duração, com o objetivo de induzir os alunos a participar de empreendimentos de interesse comum; 4) atividades culturais, desenvolvidas segundo formas não escolares, sem prazo determinado, pretendendo a ampliação do universo cultural da população atingida.

A Lei n. 5.692, de 11 de agosto de 1971, fixou diretrizes e bases para o ensino de primeiro e segundo graus no Brasil, instaurou o ensino supletivo e trouxe em seu teor orientações específicas a respeito da EJA (Brasil, 1971). O ensino supletivo complementava a ação do Mobral, por meio do ensino a distância e modular. No entanto, o Mobral foi extinto pelo governo em 1985 e substituído pela Fundação Nacional para Educação de Jovens e Adultos (Fundação Educar), que perdurou até a presidência de Fernando Collor de Mello. Após a extinção do Mobral e da Fundação Educar, o governo federal transferiu a responsabilidade pelo ensino de jovens e adultos para os estados e os municípios.

As estatísticas em relação ao Mobral receberam duras críticas e suspeitas de adulteração. Algumas instituições governamentais de pesquisa alegaram que, ao contrário dos 14,2% de analfabetos ao fim do período, 25,9% da população brasileira encontrava-se em situação de analfabetismo, conforme mostrado na Tabela 1.1.

Tabela 1.1 – Analfabetismo na faixa de 15 anos ou mais no Brasil (1900-2000)

Ano	População de 15 anos ou mais		
	Total [1]	Analfabeta [1]	Taxa de Analfabetismo
1900	9.728	6.348	65,3
1920	17.564	11.409	65,0
1940	23.648	13.269	56,1
1950	30.188	15.272	50,6
1960	40.233	15.964	39,7
1970	53.633	18.100	33,7
1980	74.600	19.356	25,9
1991	94.891	18.682	19,7
2000	119.533	16.295	13,6

Nota: (1) Em milhares
Fonte: Brasil, 2000d, p. 6.

Sendo as taxas de alfabetização e de analfabetismo indicadores de desenvolvimento humano, sua análise é de suma importância para que possamos compreender o investimento em educação aplicado e analisar as consequências sociais, como veremos a seguir.

1.4 Dimensão do analfabetismo no Brasil

Ao discutirmos a questão do analfabetismo no Brasil, é necessário considerar alguns contextos importantes, como a herança histórica e a desigualdade social, racial e de gênero que impera no país, além de diversos outros fatores que, direta ou indiretamente, influenciam as taxas observadas em pesquisas realizadas pelo Instituto Brasileiro de Geografia e Estatística (IBGE).

Como vimos, a questão do analfabetismo remete ao período colonial e perdurou durante séculos até que começasse a ser levada em conta. Causas e justificativas diversas foram levantadas por pesquisadores e estudiosos da área, mas um fato que auxilia no entendimento da questão se refere à falta de valorização profissional de alfabetizadores e professores, o que trazia como consequência, conforme Almeida (2000, p. 65), o "afastamento natural das pessoas inteligentes de uma função mal remunerada e que não encontra na opinião pública a consideração a que tem direito".

De acordo com Souza (2012), os dados do IBGE revelam uma pequena parcela de analfabetos no Brasil, mas expõem a baixa escolaridade da população. Uma pessoa alfabetizada, segundo o critério do IBGE (2016), é aquela capaz de ler e escrever pelo menos um bilhete simples no idioma que conhece. Com base nessa interpretação, ficam excluídos os chamados *analfabetos funcionais* (termo adotado para fazer referência às pessoas com menos de quatro anos de estudo concluídos), o que não aponta, necessariamente, para uma população com postura crítica, informada ou letrada.

Conforme dados divulgados pelo IBGE em 2019, oriundos da Pesquisa Nacional por Amostra de Domicílios Contínua 2018 – Pnad Contínua 2018 (IBGE, 2019), no Brasil, em 2018, havia 11,3 milhões de pessoas analfabetas com 15 anos ou mais de idade, o equivalente a uma taxa de analfabetismo de 6,8%. Com relação a 2017, houve uma queda de 0,1 ponto percentual (pp), o que corresponde a uma redução de 121 mil analfabetos entre os dois anos. Vale ressaltar que, no Brasil, a questão do analfabetismo está fortemente relacionada à idade, pois grupos de faixa etária mais avançada apresentam taxas mais elevadas quando comparados a grupos mais novos.

As questões raciais, sociais e de gênero também devem ser levadas em consideração na análise das taxas de analfabetismo. As estatísticas mostram que, quanto ao sexo, grupos de mulheres de 15 anos ou mais apresentam menores taxas de analfabetismo quando comparados a grupos de homens da mesma faixa etária. Esse perfil se altera quando consideramos grupos com idade de 60 anos ou mais, sendo as menores taxas ocupadas por homens.

Com relação à cor ou à raça, é evidente a discrepância nas taxas quando comparamos grupos de brancos e de pretos ou pardos. São grandes as diferenças percentuais considerando-se as duas faixas de idade analisadas: 5,2 pp de diferença entre os grupos de 15 anos ou mais, que aumenta para 17,2 pp entre os grupos de 60 anos ou mais. Podemos observar as taxas e suas variações no intervalo de 2016 a 2018 na Figura 1.2.

Figura 1.2 – Taxa de analfabetismo brasileira (2016-2018)

Taxa de analfabetismo (%)			2016	2017	2018
Grupos de idade (%)	15 anos ou mais		7,2	6,9	6,9
	25 anos ou mais		7,6	7,4	7,2
	40 anos ou mais		12,3	11,8	11,5
	60 anos ou mais de idade		20,4	19,2	18,6
Sexo (%)	15 anos ou mais	Homem	7,4	7,1	7,0
		Mulher	7,0	6,8	6,6
	60 anos ou mais de idade	Homem	19,7	18,3	18,0
		Mulher	20,9	20,0	19,1
Cor ou raça (%)	15 anos ou mais	Branca	4,1	4,0	3,9
		Preta ou parda	9,8	9,3	9,1
	60 anos ou mais de idade	Branca	11,6	10,8	10,3
		Preta ou parda	30,7	28,8	25,5

Nota: Variações significativas, ao nível de confiança de 95%, para todas as categorias.
Fonte: IBGE, 2019, p. 2.

De acordo com a Pnad Contínua 2018 (IBGE, 2019), a questão social é evidenciada pela análise da taxa de analfabetismo considerando-se as regiões brasileiras e reflete as desigualdades existentes. Em 2018, as regiões Nordeste e Norte apresentaram taxas de analfabetismo de 8,0% e 13,9%, respectivamente, entre as pessoas com 15 anos ou mais de idade, as maiores do país.

No grupo de pessoas com 60 anos de idade ou mais, 36,9% dessa população residente no Nordeste e 27,0% residente no Norte não sabiam ler ou escrever um bilhete simples, ao passo que as taxas observadas no Centro-Oeste, no Sul e no Sudeste foram de 18,3%, 10,8% e 10,3%, respectivamente (Tabela 1.2).

Tabela 1.2 – Taxa de analfabetismo, por grupos de idade, segundo as grandes regiões (%)

Grandes regiões	Taxa de analfabetismo (%)					
	15 anos ou mais de idade			60 anos ou mais de idade		
	2017	2018	Variação 2017/2018	2017	2018	Variação 2017/2018
Brasil	6,92	6,77	↓	19,21	18,59	↓
Norte	8,00	7,98	↓	27,39	27,02	↓
Nordeste	14,48	13,87	↓	38,65	36,87	↓
Sudeste	3,51	3,47	↓	10,57	10,33	↓
Sul	3,52	3,63	→|	10,86	10,80	→|
Centro-Oeste	5,23	5,40	→|	18,96	18,27	↓

Nota: As setas indicam variação significativa, quando direcionadas para cima (crescimento) ou para baixo (declínio); ou variação não significativa, quando direcionadas para a direita (estabilidade), ao nível de confiança de 95%.
Fonte: IBGE, 2019, p. 2.

É importante lembrar que, além da taxa de analfabetismo, devemos analisar os níveis de escolarização e de instrução da população. Os Gráficos 1.1 e 1.2 representam o nível de escolarização da população brasileira e a distribuição populacional de acordo com o nível de instrução de pessoas de

25 anos ou mais com base nos dados de 2018, referenciados na Pnad Contínua (IBGE, 2019); já a Figura 1.3 indica o número médio de anos de estudo das pessoas de 25 anos de idade ou mais.

Gráfico 1.1 – Taxa de escolarização, segundo os grupos de idade

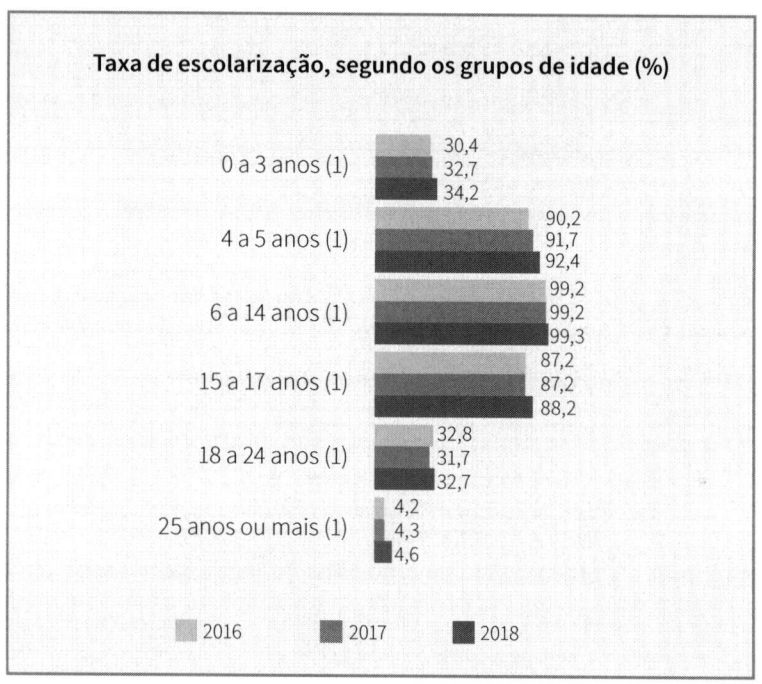

Fonte: IBGE, 2019, p. 4.
(1) Variações significativas ao nível de confiança de 95%.

Gráfico 1.2 – Distribuição populacional de acordo com o nível de instrução de pessoas com 25 anos ou mais

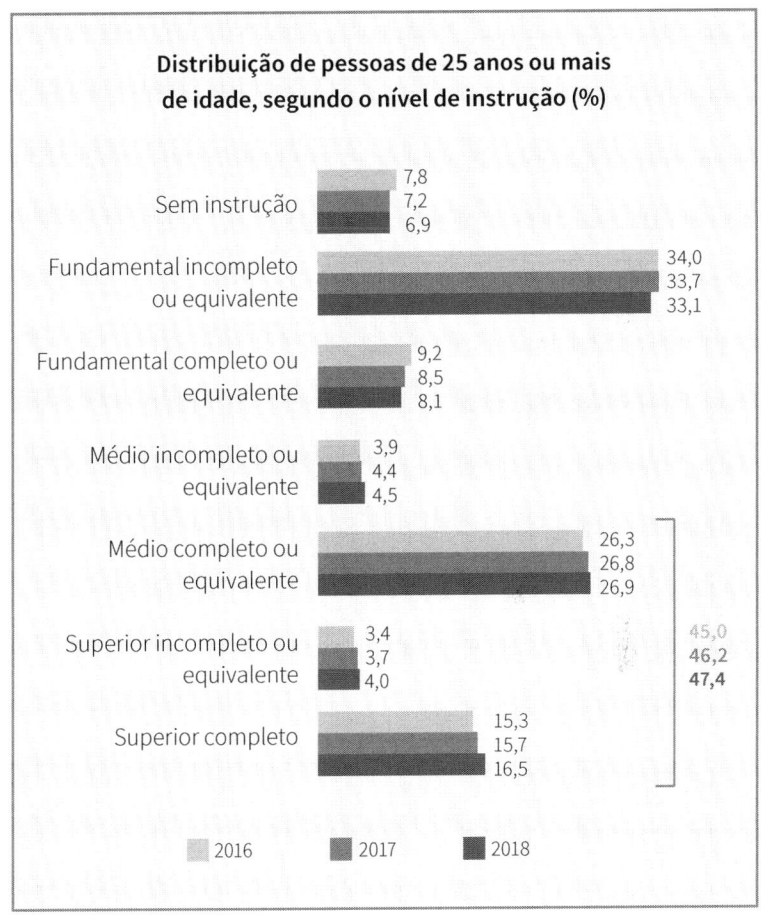

Nota: Variações significativas, ao nível de confiança de 95%, para todas as categorias.
Fonte: IBGE, 2019, p. 3.

Figura 1.3 – Número médio de anos de estudo das pessoas com 25 anos ou mais de idade (anos)

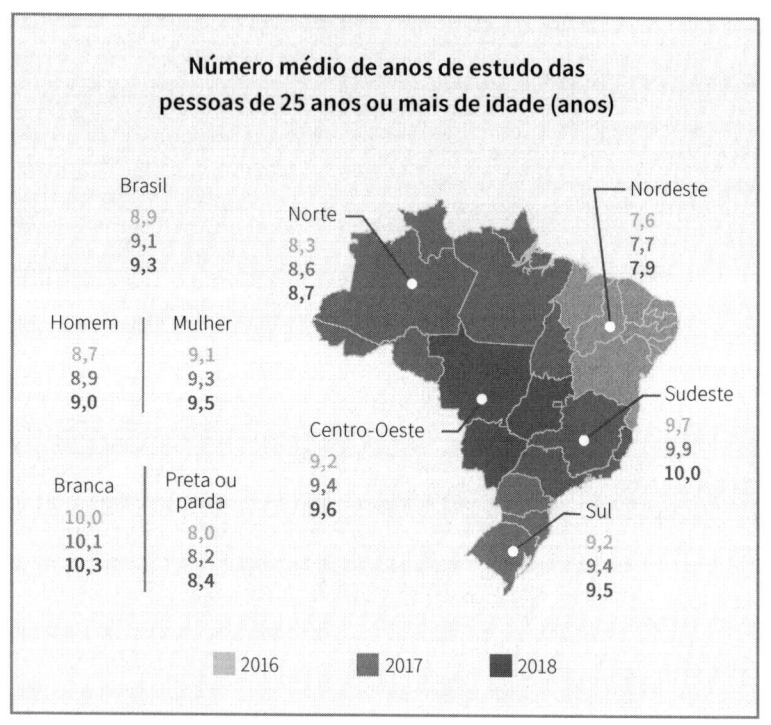

Nota: Variações significativas, ao nível de confiança de 95%, para todas as categorias.
Fonte: IBGE, 2019, p. 4.

Ao analisarmos esses dados, concluímos que a média de anos de estudo das pessoas com 25 anos ou mais de idade foi de 9,3 anos em 2018. De acordo com a Pnad Contínua 2018 (IBGE, 2019, p. 4),

> Entre as mulheres, o número médio de anos de estudo foi de 9,5 anos, enquanto para os homens, 9 anos. Com relação à cor ou raça, mais uma vez, a diferença foi considerável, registrando-se 10,3 anos de estudo para as pessoas de cor branca e 8,4 anos para as de cor preta ou parda, ou seja, uma diferença de quase 2 anos entre esses grupos, o que se mantém desde 2016.
> Em termos regionais, Sudeste, Centro-Oeste e Sul mantiveram-se com uma média de anos de estudo acima da nacional, respectivamente de 10, 9,6 e 9,6 anos, enquanto as regiões Nordeste e Norte ficaram abaixo da média nacional, com 8,7 anos e 7,9 anos, respectivamente. Todas as regiões tiveram um aumento entre 2017 e 2018, que variou entre 0,1 e 0,2 ano de estudo.

Com base na análise dos dados apresentados, podemos promover diversos debates acerca do cenário atual da educação brasileira. A grande desigualdade observada no contexto escolar, considerando-se o número elevado de analfabetos (11,3 milhões) e o baixo índice de instrução da população – sendo que quase 7% das pessoas com 25 anos ou mais de idade não têm qualquer grau de instrução –, comprova que políticas públicas sérias e incentivos à EJA de forma efetiva podem mudar as estatísticas e os demais indicadores brasileiros.

Síntese

Neste capítulo, examinamos o contexto histórico e o surgimento da EJA no que diz respeito aos aspectos sociais e políticos.
A forte presença e a atuação de grupos sociais movidos por amplas campanhas nacionais de alfabetização, por movimentos educacionais e pelo apelo gerado em virtude da grande quantidade de analfabetos brasileiros começaram a moldar uma estrutura, mesmo que precária, para o ensino dessa parcela da população. Além disso, houve a criação de políticas públicas e legislações que fomentaram a EJA, alinhadas à preocupação com o aumento de eleitores e o desenvolvimento econômico do país.

Vimos a ação realizada nas três campanhas da EJA – a CEAA, em 1947, a CNER, em 1952, e a CNEA, em 1958 – e no Mobral, fundamentado nos ideais de Paulo Freire. Ainda que considerada desorganizada e ineficaz, a concepção do Mobral serviu de inspiração para a constituição de novas possibilidades para a EJA, que serão descritas nos próximos capítulos.

Também analisamos as taxas de analfabetismo no Brasil e os diversos fatores que comprovam a grande desigualdade educacional existente no país. Conforme os dados publicados pelo IBGE (2019) na Pnad Contínua 2018, a taxa de analfabetismo vem diminuindo no Brasil e atingiu 6,8% no período, totalizando 11,3 milhões de analfabetos com 15 anos de idade ou mais.

Discutimos ainda as questões racial, regional-social e de gênero, que resultam em diferenças nas taxas específicas.
Vale a pena acompanhar os indicadores sociais e educacionais nos portais oficiais do governo, como o IBGE, e monitorar as metas propostas pelo Plano Nacional de Educação (PNE).

Esses indicadores permitem avaliar com criticidade a atual situação da educação brasileira, principalmente no que se refere à EJA, pois os números relacionados ao grau de instrução e à taxa de escolarização da população acima dos 15 anos são insatisfatórios.

Atividades de autoavaliação

1. De acordo com o Decreto n. 16.782-A/1925 (Reforma João Alves), o foco das estratégias para atingir a educação básica na época foi:
   a) o combate à pobreza e à miséria da população.
   b) o propósito de ensinar a população a exercer seu poder de voto.
   c) a formação de mão de obra qualificada para a indústria.
   d) o combate ao analfabetismo e o fomento à alfabetização.
   e) o combate à desigualdade existente entre as classes sociais.

2. O Senai e o Senac, até hoje, exercem um importante papel na formação acadêmica e profissional de milhares de jovens e adultos brasileiros. O conjunto de decretos que permitiu sua instauração ficou conhecido como:
   a) Reforma João Alves.
   b) Leis Orgânicas de Ensino.
   c) Lei de Diretrizes e Bases da Educação Nacional.
   d) Campanhas de Educação de Adultos.
   e) Reforma Orgânica de Base.

3. Assinale a alternativa que indica a primeira grande campanha de EJA no século XXI:
   a) Campanha de Educação Rural.
   b) Campanha Nacional de Erradicação do Analfabetismo.
   c) Campanha de Educação de Adultos.
   d) Movimento Brasileiro de Alfabetização.
   e) Movimento Brasileiro de Erradicação do Analfabetismo.

4. Relacione os programas básicos do Mobral a suas respectivas atuações e descrições.
   I. Alfabetização funcional.
   II. Educação integrada.
   III. Desenvolvimento comunitário.
   IV. Atividades culturais.
   ( ) Posterior à alfabetização, compreendia as primeiras séries do ensino de primeiro grau.
   ( ) Ocorria em postos nos quais os alunos eram escolarizados sob a direção de monitores.
   ( ) Eram desenvolvidas segundo formas não escolares, sem prazo determinado, com o objetivo de ampliar o universo cultural da população atingida.
   ( ) Tinha o objetivo de induzir os alunos a participar de empreendimentos de interesse comum.

   Assinale a alternativa apresenta a sequência correta:
   a) II, I, IV, III.
   b) I, II, III, IV.
   c) II, I, III, IV.
   d) I, II, IV, III.
   e) II, II, IV, I.

5. De acordo com Beisiegel (1997), no início da década de 1960, surgiram diversos movimentos pró-educação que utilizavam predominantemente a metodologia difundida por Paulo Freire, a fim de elevar o nível cultural das massas e conscientizá-las. Como resposta, o governo autoritário da época criou projetos de EJA que:
   a) afloravam a cultura e o debate entre as parcelas da população.
   b) apresentavam características instrumentais e de repetição.
   c) eram voltados à conscientização e à formação profissional de jovens e adultos.
   d) apresentavam características instrumentais e de conscientização política.
   e) eram voltados à autonomia de jovens e adultos e ao conhecimento de leis.

Atividades de aprendizagem
Questões para reflexão

1. Pesquise se, na localidade em que você vive, existem habitantes analfabetos ou analfabetos funcionais e em qual faixa etária eles se encontram predominantemente. Descubra quais questões sociais impediram a alfabetização ou a continuidade dos estudos. Busque informações e reflita a respeito.

2. O ensino voltado para jovens e adultos cresce no Brasil. Procure conhecer alguém de sua região que tenha frequentado ou que frequente um centro de estudos de EJA. Questione essa pessoa a respeito de suas expectativas e sonhos e peça-lhe que fale sobre suas dificuldades e seu posicionamento em relação à metodologia de ensino. Reflita sobre as diferenças entre o ensino recebido por você e o oferecido a essa pessoa. Pense sobre o papel efetivo da EJA em sua região.

Atividade aplicada: prática

1. Procure um centro de estudos de EJA na localidade em que você vive. Converse com o diretor, o coordenador e os professores atuantes sobre as expectativas e as realidades do ensino de jovens e adultos em sua região. Pergunte quais são os métodos e os materiais didáticos utilizados e como é a estrutura de sala de aula. Compare as respostas com as impressões obtidas na conversa com o aluno realizada anteriormente e indique o que pode ser mudado, melhorado ou substituído.

Capítulo 2

Legislação e organização da educação de jovens e adultos no Brasil

No Brasil, a presença da educação de jovens e adultos (EJA) como uma modalidade gratuita e necessária para os estados só se configurou após anos de movimentação legislativa, que envolveu diversos pareceres, reformas, decretos e leis que permitiram consolidar a liberação de recursos federais e estaduais para garantir o prosseguimento desse ramo da educação.

Neste capítulo, vamos discutir os fundamentos legais, as funções, as recomendações nacionais e internacionais e o histórico legislativo que permeiam a EJA no Brasil.

2.1 Trajetória das legislações para a EJA

A fim de trabalharmos todo o histórico das legislações para a EJA no Brasil, que é muito extenso e repleto de mudanças, organizaremos nosso estudo como uma linha do tempo com informações fundamentais sobre a implementação e as características principais dessa modalidade de ensino.

A Figura 2.1 resume a trajetória das principais legislações concernentes à EJA, incluindo leis, decretos e portarias federais e resoluções e pareceres do Conselho Nacional de Educação (CNE), por meio da Câmara de Educação Básica (CEB) e da Câmara de Educação Superior (CES).

Figura 2.1 – Histórico das legislações para a EJA no Brasil

1824
- Constituição Política do Império do Brasil, de 25 de março de 1824 (Brasil, 1824).
- Garantia de ensino primário a todos os cidadãos.
- Criação de colégios e universidades.

1834
- Lei n. 16, de 12 de agosto de 1834 (Brasil, 1834), conhecida como *Ato Adicional n. 16*.
- Institui a educação fundamental para crianças e adultos.

1879
- Decreto n. 7.247, de 19 de abril de 1879 (Brasil, 1879), conhecido como *Decreto Leôncio Carvalho*.
- Reforma do ensino primário e do ensino secundário dos municípios da Corte e do ensino superior em todo o Império.

1889
- Decreto n. 7, de 20 de novembro de 1889 (Brasil, 1889).
- Atribui aos estados a instrução pública em todos os níveis.

1891
- Constituição da República dos Estados Unidos do Brasil, de 24 de fevereiro de 1891 (Brasil, 1891).
- Descentralização da educação popular.
- Arts. 35 e 72.

1934

- Constituição da República dos Estados Unidos do Brasil, de 16 de julho de 1934 (Brasil, 1934) – Constituição do Estado Novo.
- Art. 15, inciso IX; art. 16, inciso XXIV; e arts. 124 a 134.
- Competência da União para fixar diretrizes e bases da educação nacional.
- Gratuidade do ensino primário.
- Plano Nacional de Educação (PNE): obrigatório para crianças e extensivo aos adultos.

1945

- Decreto n. 19.513, de 25 de agosto de 1945 (Brasil, 1945).
- Fundo Nacional de Educação Empresarial.
- 25% de auxílio federal para a educação.

1946

- Decreto-Lei n. 8.529, de 2 de janeiro de 1946 (Brasil, 1946) – Lei Orgânica do Ensino Primário.
- Institui o curso primário supletivo.

1947

- Portaria n. 57, de 30 de janeiro de 1947 (Brasil, 1947).
- Criação do Serviço Nacional de Educação (SNE).
- Início das Campanhas Nacionais de Educação de Adultos.

1957

- Lei n. 3.327-A, de 3 de dezembro de 1957 (Brasil, 1957).
- Organização da Campanha Nacional de Erradicação do Analfabetismo.

1961
- Decreto n. 50.370, de 21 de março de 1961 (Brasil, 1961a).
- Oficialização do Movimento de Educação de Base (MEB).
- Convênio entre a União e a Conferência Nacional dos Bispos do Brasil (CNBB).
- Lei n. 4.024, de 20 de dezembro de 1961 (Brasil, 1961b).
- Exames para certificação de conclusão para pessoas maiores de 16 anos.

1967
- Lei n. 5.379, de 15 de dezembro de 1967 (Brasil, 1967).
- Criação do Movimento Brasileiro de Alfabetização (Mobral).

1971
- Lei n. 5.692, de 11 de agosto de 1971 (Brasil, 1971).
- Inserção do supletivo no ensino regular brasileiro.

1985
- Decreto n. 91.980, de 25 de novembro de 1985 (Brasil, 1985).
- Extinção do Mobral.
- Atribuição de responsabilidades à Fundação Educar.

1988
- Constituição da República Federativa do Brasil (Brasil, 1988).
- Art. 60: aplicação de recursos na eliminação do analfabetismo.
- Art. 208: ensino fundamental obrigatório e garantido.
- Art. 212: aplicação de verbas federais e estaduais na manutenção do ensino.

1996

- Emenda Constitucional n. 14, de 12 de setembro de 1996 (Brasil, 1996a).
- Alterações nos arts. 60 e 208.
- Lei n. 9.394, de 20 de dezembro de 1996 (Brasil, 1996b), ou Lei de Diretrizes e Bases da Educação Nacional (LDBEN).
- EJA contemplada nos arts. 37 e 38.
- Desaparece a noção de ensino supletivo.

1998

- Resolução CEB n. 2, de 7 de abril de 1998 (Brasil, 1998a) – Instituição das Diretrizes Curriculares Nacionais para o Ensino Fundamental e o Ensino Médio.

2000

- Resolução CNE/CEB n. 1, de 5 de julho de 2000 (Brasil, 2000c).
- Estabelece as Diretrizes Curriculares Nacionais para a EJA.
- Parecer CNE/CEB n. 11, de 10 de maio de 2000 (Brasil, 2000b).

2001

- Lei n. 10.172, de 9 de janeiro de 2001 (Brasil, 2001) – Aprova o PNE 2001-2010.
- Orientações para a institucionalização da EJA e o combate ao analfabetismo.
- Ampliação do nível de escolaridade da população.

2005

- Decreto n. 5.478, de 24 de junho de 2005 (Brasil, 2005a) – Instituição do Programa Nacional de Integração da Educação Profissional com a Educação Básica na Modalidade de Educação de Jovens e Adultos (Proeja).
- Lei n. 11.129, de 30 de junho de 2005 (Brasil, 2005b) – Instituição do Programa Nacional de Inclusão de Jovens (Projovem).
- Criação do Conselho Nacional da Juventude.
- Parecer CNE/CEB n. 2, de 16 de março de 2005 (Brasil, 2005c).
- Programa Nacional de Inclusão de Jovens: Educação, Qualificação e Ação Comunitária.

2008

- Lei n. 11.692, de 10 de junho de 2008 (Brasil, 2008a).
- Alteração no Projovem.
- Parecer CNE/CEB n. 23, de 8 de outubro de 2008 (Brasil, 2008b).
- Diretrizes Operacionais para a EJA.

2010

- Parecer CNE/CEB n. 6, de 7 de abril de 2010 (Brasil, 2010a).
- Revisão do Parecer CNE/CEB n. 23/2008 em aspectos relativos à duração dos cursos, à idade mínima, à certificação e à EJA a distância.
- Resolução CNE/CEB n. 3, de 15 de junho de 2010 (Brasil, 2010b) – Estabelece Diretrizes Operacionais para a EJA nos aspectos relativos ao Parecer CNE/CEB n. 6/2010.

2014

- Lei n. 13.005, de 25 de junho de 2014 (Brasil, 2014) – Aprova o PNE 2011-2020.
- Metas 8, 9 e 10 do PNE, relacionadas ao desenvolvimento e ao fomento da EJA no Brasil.

2016

- Resolução CNE/CES n. 1, de 11 de março de 2016 (Brasil, 2016).
- Define diretrizes operacionais nacionais para o cadastramento institucional e a oferta de cursos e programas de ensino médio, de educação profissional técnica de nível médio e de EJA nas etapas do ensino fundamental e do ensino médio, na modalidade de educação a distância (EaD), em regime de colaboração entre os sistemas de ensino.

2017

- Resolução FNDE/CD n. 5, de 31 de março de 2017 (Brasil, 2017b).
- Garante prosseguimento da EJA e destina recursos para a abertura de novas turmas.

Consultando a legislação

BRASIL. Portal da Legislação. Disponível em: <http://www4.planalto.gov.br/legislacao/>. Acesso em: 13 nov. 2020.

Caso você sinta a necessidade de conhecer mais detalhes da legislação em questão, lembre-se de consultar fontes confiáveis e atualizadas, como o portal indicado.

Como podemos perceber, os embates burocráticos e legislativos no que diz respeito à EJA estenderam-se por anos e ainda hoje são discutidos nos âmbitos estadual e municipal, ainda em uma atmosfera conturbada e nebulosa que traz poucas soluções para os reais problemas enfrentados pela modalidade.

2.2 Diretrizes Curriculares Nacionais para a EJA

Defendida pela Constituição Federal de 1988 e pela Lei n. 9.394/1996, também conhecida como *Lei de Diretrizes e Bases da Educação Nacional* (LDBEN), a educação de qualidade inclui jovens, adultos e idosos, sendo assegurada pela União a fim de garantir um direito do cidadão e um dever do Estado.

A LDBEN apresenta, em seus arts. 37 e 38, orientações sobre a EJA e seu funcionamento em território nacional. Ela trata da EJA como modalidade da educação básica, superando sua dimensão de ensino supletivo, e regulamenta sua oferta a todos aqueles que não tiveram acesso ao ensino fundamental ou não o concluíram (Silva, 2016). É importante frisar que o art. 37 teve sua redação alterada pela Lei n. 13.632, de 6 de março de 2018 (Brasil, 2018a). Atualmente, os artigos citados apresentam a seguinte configuração (Brasil, 1996b):

> Seção V
> **Da Educação de Jovens e Adultos**
> Art. 37. A educação de jovens e adultos será destinada àqueles que não tiveram acesso ou continuidade de estudos nos ensinos fundamental e médio na idade própria e constituirá instrumento para a educação e a aprendizagem ao longo da vida.
> § 1º Os sistemas de ensino assegurarão gratuitamente aos jovens e aos adultos, que não puderam efetuar os estudos na idade regular, oportunidades educacionais apropriadas,

consideradas as características do alunado, seus interesses, condições de vida e de trabalho, mediante cursos e exames.

§ 2º O Poder Público viabilizará e estimulará o acesso e a permanência do trabalhador na escola, mediante ações integradas e complementares entre si.

§ 3º A educação de jovens e adultos deverá articular-se, preferencialmente, com a educação profissional, na forma do regulamento.

Art. 38. Os sistemas de ensino manterão cursos e exames supletivos, que compreenderão a base nacional comum do currículo, habilitando ao prosseguimento de estudos em caráter regular.

§ 1º Os exames a que se refere este artigo realizar-se-ão:

I – no nível de conclusão do ensino fundamental, para os maiores de quinze anos;

II – no nível de conclusão do ensino médio, para os maiores de dezoito anos.

§ 2º Os conhecimentos e habilidades adquiridos pelos educandos por meios informais serão aferidos e reconhecidos mediante exames.

Em 1998, foram elaboradas as Diretrizes Curriculares Nacionais para o Ensino Fundamental e o Ensino Médio brasileiros, o que permitiu a organização das orientações voltadas à EJA elaboradas pela CEB e pelo CNE, as quais foram aprovadas em 2000, no formato do Parecer CNE/CEB n. 11, de 10 de maio de 2000, e da Resolução CNE/CEB n. 1, de 5 de julho de 2000. A seguir, apresentamos os 25 artigos da Resolução CNE/CEB n. 1/2000 (Brasil, 2000c):

Art. 1º Esta Resolução institui as Diretrizes Curriculares Nacionais para a Educação de Jovens e Adultos a serem obrigatoriamente observadas na oferta e na estrutura dos componentes curriculares de ensino fundamental e médio dos cursos que se desenvolvem, predominantemente, por meio do ensino, em instituições próprias e integrantes da organização da educação nacional nos diversos sistemas de ensino, à luz do caráter próprio desta modalidade de educação.

Art. 2º A presente Resolução abrange os processos formativos da Educação de Jovens e Adultos como modalidade da Educação Básica nas etapas dos ensinos fundamental e médio, nos termos da Lei de Diretrizes e Bases da Educação Nacional, em especial dos seus artigos 4º, 5º, 37, 38 e 87 e, no que couber, da Educação Profissional.

§ 1º Estas Diretrizes servem como referência opcional para as iniciativas autônomas que se desenvolvem sob a forma de processos formativos extraescolares na sociedade civil.

§ 2º Estas Diretrizes se estendem à oferta dos exames supletivos para efeito de certificados de conclusão das etapas do ensino fundamental e do ensino médio da Educação de Jovens e Adultos.

Art. 3º As Diretrizes Curriculares Nacionais do Ensino Fundamental estabelecidas e vigentes na Resolução CNE/CEB 2/98 se estendem para a modalidade da Educação de Jovens e Adultos no ensino fundamental.

Art. 4º As Diretrizes Curriculares Nacionais do Ensino Médio estabelecidas e vigentes na Resolução CNE/CEB 3/98 se estendem para a modalidade de Educação de Jovens e Adultos no ensino médio.

Art. 5º Os componentes curriculares consequentes ao modelo pedagógico próprio da educação de jovens e adultos e expressos nas propostas pedagógicas das unidades educacionais obedecerão aos princípios, aos objetivos e às diretrizes curriculares tais como formulados no Parecer CNE/CEB 11/2000, que acompanha a presente Resolução, nos pareceres CNE/CEB 4/98, CNE/CEB 15/98 e CNE/CEB 16/99, suas respectivas resoluções e as orientações próprias dos sistemas de ensino.

Parágrafo único. Como modalidade destas etapas da Educação Básica, a identidade própria da Educação de Jovens e Adultos considerará as situações, os perfis dos estudantes, as faixas etárias e se pautará pelos princípios de equidade, diferença e proporcionalidade na apropriação e contextualização das diretrizes curriculares nacionais e na proposição de um modelo pedagógico próprio, de modo a assegurar:

I – quanto à equidade, a distribuição específica dos componentes curriculares a fim de propiciar um patamar igualitário de formação e restabelecer a igualdade de direitos e de oportunidades face ao direito à educação;

II – quanto à diferença, a identificação e o reconhecimento da alteridade própria e inseparável dos jovens e dos adultos em seu processo formativo, da valorização do mérito de cada qual e do desenvolvimento de seus conhecimentos e valores;

III – quanto à proporcionalidade, a disposição e alocação adequadas dos componentes curriculares face às necessidades próprias da Educação de Jovens e Adultos com espaços e tempos nos quais as práticas pedagógicas assegurem aos seus estudantes identidade formativa comum aos demais participantes da escolarização básica.

Art. 6º Cabe a cada sistema de ensino definir a estrutura e a duração dos cursos da Educação de Jovens e Adultos, respeitadas as diretrizes curriculares nacionais, a identidade desta modalidade de educação e o regime de colaboração entre os entes federativos.

Art. 7º Obedecidos o disposto no Art. 4º, I e VII da LDB e a regra da prioridade para o atendimento da escolarização universal obrigatória, será considerada idade mínima para a inscrição e realização de exames supletivos de conclusão do ensino fundamental a de 15 anos completos.

Parágrafo único. Fica vedada, em cursos de Educação de Jovens e Adultos, a matrícula e a assistência de crianças e de adolescentes da faixa etária compreendida na escolaridade universal obrigatória, ou seja, de sete a quatorze anos completos.

Art. 8º Observado o disposto no Art. 4º, VII da LDB, a idade mínima para a inscrição e realização de exames supletivos de conclusão do ensino médio é a de 18 anos completos.

§ 1º O direito dos menores emancipados para os atos da vida civil não se aplica para o da prestação de exames supletivos.

§ 2º Semelhantemente ao disposto no parágrafo único do Art. 7º, os cursos de Educação de Jovens e Adultos de nível médio deverão ser voltados especificamente para alunos de faixa etária superior à própria para a conclusão deste nível de ensino, ou seja, 17 anos completos.

Art. 9º Cabe aos sistemas de ensino regulamentar, além dos cursos, os procedimentos para a estrutura e a organização dos exames supletivos, em regime de colaboração e de acordo com suas competências.

Parágrafo único. As instituições ofertantes informarão aos interessados, antes de cada início de curso, os programas e demais componentes curriculares, sua duração, requisitos, qualificação dos professores, recursos didáticos disponíveis e critérios de avaliação, obrigando-se a cumprir as respectivas condições.

Art. 10. No caso de cursos semipresenciais e a distância, os alunos só poderão ser avaliados, para fins de certificados de conclusão, em exames supletivos presenciais oferecidos por instituições especificamente autorizadas, credenciadas e avaliadas pelo poder público, dentro das competências dos respectivos sistemas, conforme a norma própria sobre o assunto e sob o princípio do regime de colaboração.

Art. 11. No caso de circulação entre as diferentes modalidades de ensino, a matrícula em qualquer ano das etapas do curso ou do ensino está subordinada às normas do respectivo sistema e de cada modalidade.

Art. 12. Os estudos de Educação de Jovens e Adultos realizados em instituições estrangeiras poderão ser aproveitados junto às instituições nacionais, mediante a avaliação dos estudos e reclassificação dos alunos jovens e adultos, de acordo com as normas vigentes, respeitados os requisitos diplomáticos de acordos culturais e as competências próprias da autonomia dos sistemas.

Art. 13. Os certificados de conclusão dos cursos a distância de alunos jovens e adultos emitidos por instituições estrangeiras, mesmo quando realizados em cooperação com instituições sediadas no Brasil, deverão ser revalidados para gerarem efeitos legais, de acordo com as normas vigentes para o ensino presencial, respeitados os requisitos diplomáticos de acordos culturais.

Art. 14. A competência para a validação de cursos com avaliação no processo e a realização de exames supletivos fora do território nacional é privativa da União, ouvido o Conselho Nacional de Educação.

Art. 15. Os sistemas de ensino, nas respectivas áreas de competência, são corresponsáveis pelos cursos e pelas formas de exames supletivos por eles regulados e autorizados.

Parágrafo único. Cabe aos poderes públicos, de acordo com o princípio de publicidade:

a) divulgar a relação dos cursos e dos estabelecimentos autorizados à aplicação de exames supletivos, bem como das datas de validade dos seus respectivos atos autorizadores.

b) acompanhar, controlar e fiscalizar os estabelecimentos que ofertarem esta modalidade de educação básica, bem como no caso de exames supletivos.

Art. 16. As unidades ofertantes desta modalidade de educação, quando da autorização dos seus cursos, apresentarão aos órgãos responsáveis dos sistemas o regimento escolar para efeito de análise e avaliação.

Parágrafo único. A proposta pedagógica deve ser apresentada para efeito de registro e arquivo histórico.

Art. 17. A formação inicial e continuada de profissionais para a Educação de Jovens e Adultos terá como referência as diretrizes curriculares nacionais para o ensino fundamental e para o ensino médio e as diretrizes curriculares nacionais para a formação de professores, apoiada em:

I – ambiente institucional com organização adequada à proposta pedagógica;

II – investigação dos problemas desta modalidade de educação, buscando oferecer soluções teoricamente fundamentadas e socialmente contextuadas;

III – desenvolvimento de práticas educativas que correlacionem teoria e prática;

IV – utilização de métodos e técnicas que contemplem códigos e linguagens apropriados às situações específicas de aprendizagem.

Art. 18. Respeitado o Art. 5º desta Resolução, os cursos de Educação de Jovens e Adultos que se destinam ao ensino fundamental deverão obedecer em seus componentes curriculares aos Art. 26, 27, 28 e 32 da LDB e às diretrizes curriculares nacionais para o ensino fundamental.

Parágrafo único. Na organização curricular, competência dos sistemas, a língua estrangeira é de oferta obrigatória nos anos finais do ensino fundamental.

Art. 19. Respeitado o Art. 5º desta Resolução, os cursos de Educação de Jovens e Adultos que se destinam ao ensino médio deverão obedecer em seus componentes curriculares aos Art. 26, 27, 28, 35 e 36 da LDB e às diretrizes curriculares nacionais para o ensino médio.

Art. 20. Os exames supletivos, para efeito de certificado formal de conclusão do ensino fundamental, quando autorizados e reconhecidos pelos respectivos sistemas de ensino, deverão seguir o Art. 26 da LDB e as diretrizes curriculares nacionais para o ensino fundamental.

§ 1º A explicitação desses componentes curriculares nos exames será definida pelos respectivos sistemas, respeitadas as especificidades da educação de jovens e adultos.

§ 2º A Língua Estrangeira, nesta etapa do ensino, é de oferta obrigatória e de prestação facultativa por parte do aluno.
§ 3º Os sistemas deverão prever exames supletivos que considerem as peculiaridades dos portadores de necessidades especiais.
Art. 21. Os exames supletivos, para efeito de certificado formal de conclusão do ensino médio, quando autorizados e reconhecidos pelos respectivos sistemas de ensino, deverão observar os Art. 26 e 36 da LDB e as diretrizes curriculares nacionais do ensino médio.
§ 1º Os conteúdos e as competências assinalados nas áreas definidas nas diretrizes curriculares nacionais do ensino médio serão explicitados pelos respectivos sistemas, observadas as especificidades da educação de jovens e adultos.
§ 2º A língua estrangeira é componente obrigatório na oferta e prestação de exames supletivos.
§ 3º Os sistemas deverão prever exames supletivos que considerem as peculiaridades dos portadores de necessidades especiais.
Art. 22. Os estabelecimentos poderão aferir e reconhecer, mediante avaliação, conhecimentos e habilidades obtidos em processos formativos extraescolares, de acordo com as normas dos respectivos sistemas e no âmbito de suas competências, inclusive para a educação profissional de nível técnico, obedecidas as respectivas diretrizes curriculares nacionais.
Art. 23. Os estabelecimentos, sob sua responsabilidade e dos sistemas que os autorizaram, expedirão históricos escolares e declarações de conclusão, e registrarão os respectivos

certificados, ressalvados os casos dos certificados de conclusão emitidos por instituições estrangeiras, a serem revalidados pelos órgãos oficiais competentes dos sistemas.
Parágrafo único. Na sua divulgação publicitária e nos documentos emitidos, os cursos e os estabelecimentos capacitados para prestação de exames deverão registrar o número, o local e a data do ato autorizador.
Art. 24. As escolas indígenas dispõem de norma específica contida na Resolução CNE/CEB 3/99, anexa ao Parecer CNE/CEB 14/99.
Parágrafo único. Aos egressos das escolas indígenas e postulantes de ingresso em cursos de educação de jovens e adultos, será admitido o aproveitamento destes estudos, de acordo com as normas fixadas pelos sistemas de ensino.
Art. 25. Esta Resolução entra em vigor na data de sua publicação, ficando revogadas as disposições em contrário.

Com base na leitura dos artigos da LDBEN e das Diretrizes Curriculares Nacionais para a EJA, podemos perceber que essa modalidade de ensino destina-se a jovens e a adultos que não finalizaram os estudos na idade escolar adequada. Ela deve ser oferecida gratuitamente, considerar as necessidades dos alunos e apresentar certificação garantida por meio de exames de acordo com a faixa etária do aluno. A EJA é considerada modalidade de educação básica e, no que couber, de educação profissional, sustentando-se nos princípios da equidade, da diferença e da proporcionalidade.

A idade de 15 anos completos é determinada como idade mínima para a realização de exames de certificação do nível fundamental, sendo proibido o atendimento a crianças e a adolescentes em faixa etária escolar obrigatória. A idade mínima para a realização de exames do nível médio é a de 18 anos completos. As provas devem obedecer às resoluções vigentes do ensino fundamental e do ensino médio no que diz respeito aos conteúdos, contemplar língua estrangeira e considerar as especificidades dos portadores de necessidades especiais.

Os sistemas de ensino são responsáveis por organizar os cursos e os procedimentos como um todo, bem como cursos semipresenciais e a distância. As escolas indígenas seguem uma resolução própria. O poder público é responsável pela divulgação de cursos e exames e pela fiscalização dos estabelecimentos que os ofertam.

Quanto à formação de professores, deve-se obedecer às orientações e diretrizes do ensino fundamental e do ensino médio e respeitar as especificidades da faixa etária com a qual o docente atua. É preciso desenvolver um trabalho contextualizado, adequado e de acordo com o projeto político-pedagógico escolar.

Outro documento importante no que se refere à EJA é o Plano Nacional de Educação (PNE) 2011-2020, definido pela Lei n. 13.005, de 25 de junho de 2014 (Brasil, 2014). Ele inclui, em seu anexo, metas e estratégias para a melhoria da qualidade da educação brasileira em um período de dez anos e estabelece objetivos importantes para a EJA em suas metas 8, 9 e 10, transcritas a seguir:

> ANEXO
> METAS E ESTRATÉGIAS
> [...]
> Meta 8: elevar a escolaridade média da população de 18 (dezoito) a 29 (vinte e nove) anos, de modo a alcançar, no mínimo, 12 (doze) anos de estudo no último ano de

vigência deste Plano, para as populações do campo, da região de menor escolaridade no País e dos 25% (vinte e cinco por cento) mais pobres, e igualar a escolaridade média entre negros e não negros declarados à Fundação Instituto Brasileiro de Geografia e Estatística – IBGE.

Estratégias:

8.1) institucionalizar programas e desenvolver tecnologias para correção de fluxo, para acompanhamento pedagógico individualizado e para recuperação e progressão parcial, bem como priorizar estudantes com rendimento escolar defasado, considerando as especificidades dos segmentos populacionais considerados;

8.2) implementar programas de educação de jovens e adultos para os segmentos populacionais considerados, que estejam fora da escola e com defasagem idade-série, associados a outras estratégias que garantam a continuidade da escolarização, após a alfabetização inicial;

8.3) garantir acesso gratuito a exames de certificação da conclusão dos ensinos fundamental e médio;

8.4) expandir a oferta gratuita de educação profissional técnica por parte das entidades privadas de serviço social e de formação profissional vinculadas ao sistema sindical, de forma concomitante ao ensino ofertado na rede escolar pública, para os segmentos populacionais considerados;

8.5) promover, em parceria com as áreas de saúde e assistência social, o acompanhamento e o monitoramento do acesso à escola específicos para os segmentos populacionais considerados, identificar motivos de absenteísmo e colaborar com os Estados, o Distrito Federal e os Municípios para a garantia de frequência e apoio à aprendizagem, de maneira a estimular a ampliação do atendimento desses(as) estudantes na rede pública regular de ensino;

8.6) promover busca ativa de jovens fora da escola pertencentes aos segmentos populacionais considerados, em parceria com as áreas de assistência social, saúde e proteção à juventude.

Meta 9: elevar a taxa de alfabetização da população com 15 (quinze) anos ou mais para 93,5% (noventa e três inteiros e cinco décimos por cento) até 2015 e, até o final da vigência deste PNE, erradicar o analfabetismo absoluto e reduzir em 50% (cinquenta por cento) a taxa de analfabetismo funcional.

Estratégias:

9.1) assegurar a oferta gratuita da educação de jovens e adultos a todos os que não tiveram acesso à educação básica na idade própria;

9.2) realizar diagnóstico dos jovens e adultos com ensino fundamental e médio incompletos, para identificar a demanda ativa por vagas na educação de jovens e adultos;

9.3) implementar ações de alfabetização de jovens e adultos com garantia de continuidade da escolarização básica;

9.4) criar benefício adicional no programa nacional de transferência de renda para jovens e adultos que frequentarem cursos de alfabetização;

9.5) realizar chamadas públicas regulares para educação de jovens e adultos, promovendo-se busca ativa em regime de colaboração entre entes federados e em parceria com organizações da sociedade civil;

9.6) realizar avaliação, por meio de exames específicos, que permita aferir o grau de alfabetização de jovens e adultos com mais de 15 (quinze) anos de idade;

9.7) executar ações de atendimento ao(à) estudante da educação de jovens e adultos por meio de programas suplementares de transporte, alimentação e saúde, inclusive atendimento oftalmológico e fornecimento gratuito de óculos, em articulação com a área da saúde;

9.8) assegurar a oferta de educação de jovens e adultos, nas etapas de ensino fundamental e médio, às pessoas privadas de liberdade em todos os estabelecimentos penais, assegurando-se formação específica dos professores e das professoras e implementação de diretrizes nacionais em regime de colaboração;

9.9) apoiar técnica e financeiramente projetos inovadores na educação de jovens e adultos que visem ao desenvolvimento de modelos adequados às necessidades específicas desses(as) alunos(as);

9.10) estabelecer mecanismos e incentivos que integrem os segmentos empregadores, públicos e privados, e os sistemas de ensino, para promover a compatibilização da jornada de trabalho dos empregados e das empregadas com a oferta das ações de alfabetização e de educação de jovens e adultos;

9.11) implementar programas de capacitação tecnológica da população jovem e adulta, direcionados para os segmentos com baixos níveis de escolarização formal e para os(as) alunos(as) com deficiência, articulando os sistemas de ensino, a Rede Federal de Educação Profissional, Científica e Tecnológica, as universidades, as cooperativas e as associações, por meio de ações de extensão desenvolvidas em centros vocacionais tecnológicos, com tecnologias assistivas que favoreçam a efetiva inclusão social e produtiva dessa população;

9.12) considerar, nas políticas públicas de jovens e adultos, as necessidades dos idosos, com vistas à promoção de políticas de erradicação do analfabetismo, ao acesso a tecnologias educacionais e atividades recreativas, culturais e esportivas, à implementação de programas de valorização e compartilhamento dos conhecimentos e experiência dos idosos e à inclusão dos temas do envelhecimento e da velhice nas escolas.

Meta 10: oferecer, no mínimo, 25% (vinte e cinco por cento) das matrículas de educação de jovens e adultos, nos ensinos fundamental e médio, na forma integrada à educação profissional.

Estratégias:

10.1) manter programa nacional de educação de jovens e adultos voltado à conclusão do ensino fundamental e à formação profissional inicial, de forma a estimular a conclusão da educação básica;

10.2) expandir as matrículas na educação de jovens e adultos, de modo a articular a formação inicial e continuada de trabalhadores com a educação profissional, objetivando a elevação do nível de escolaridade do trabalhador e da trabalhadora;

10.3) fomentar a integração da educação de jovens e adultos com a educação profissional, em cursos planejados, de acordo com as características do público da educação de jovens e adultos e considerando as especificidades das populações itinerantes e do campo e das comunidades indígenas e quilombolas, inclusive na modalidade de educação a distância;

10.4) ampliar as oportunidades profissionais dos jovens e adultos com deficiência e baixo nível de escolaridade, por meio do acesso à educação de jovens e adultos articulada à educação profissional;

10.5) implantar programa nacional de reestruturação e aquisição de equipamentos voltados à expansão e à melhoria da rede física de escolas públicas que atuam na educação de jovens e adultos integrada à educação profissional, garantindo acessibilidade à pessoa com deficiência;

10.6) estimular a diversificação curricular da educação de jovens e adultos, articulando a formação básica e a preparação para o mundo do trabalho e estabelecendo inter-relações entre teoria e prática, nos eixos da ciência, do trabalho, da tecnologia e da cultura e cidadania, de forma a organizar o tempo e o espaço pedagógicos adequados às características desses alunos e alunas;

10.7) fomentar a produção de material didático, o desenvolvimento de currículos e metodologias específicas, os instrumentos de avaliação, o acesso a equipamentos e laboratórios e a formação continuada de docentes das redes públicas que atuam na educação de jovens e adultos articulada à educação profissional;

10.8) fomentar a oferta pública de formação inicial e continuada para trabalhadores e trabalhadoras articulada à educação de jovens e adultos, em regime de colaboração e com apoio de entidades privadas de formação profissional vinculadas ao sistema sindical e de entidades sem fins lucrativos de atendimento à pessoa com deficiência, com atuação exclusiva na modalidade;

10.9) institucionalizar programa nacional de assistência ao estudante, compreendendo ações de assistência social, financeira e de apoio psicopedagógico que contribuam para garantir o acesso, a permanência, a aprendizagem e a conclusão com êxito da educação de jovens e adultos articulada à educação profissional;

10.10) orientar a expansão da oferta de educação de jovens e adultos articulada à educação profissional, de modo a atender às pessoas privadas de liberdade nos estabelecimentos penais, assegurando-se formação específica dos professores e das professoras e implementação de diretrizes nacionais em regime de colaboração;

10.11) implementar mecanismos de reconhecimento de saberes dos jovens e adultos trabalhadores, a serem considerados na articulação curricular dos cursos de formação inicial e continuada e dos cursos técnicos de nível médio. (Brasil, 2014)

Depois de conhecer esse conteúdo inscrito no PNE 2011-2020, ficam abertos os seguintes questionamentos: Após dez anos desde o estabelecimento de metas e estratégias para a EJA, o quanto efetivamente mudou e se avançou nessa modalidade de ensino? O fortalecimento da EJA é nítido em diversos cenários brasileiros, mas o que é possível fazer de forma complementar para incrementar esse fato?

2.3 Funções da EJA

De acordo com o Ministério da Educação (MEC), a EJA é, como modalidade de ensino, de caráter fundamental e um direito do cidadão. Ela não é considerada uma atitude compensatória, e sim uma ferramenta de reparação e equidade para todos, propiciando ao indivíduo a chance de conquistar seu espaço na sociedade e de alcançar o direito à cidadania plena.

Conforme as Diretrizes Curriculares Nacionais para a EJA, essa modalidade apresenta três funções: (1) reparadora, (2) equalizadora e (3) qualificadora (Brasil, 2000b).

A **função reparadora**, de acordo com o Parecer CNE/CEB n. 11/2000, refere-se não apenas à entrada de jovens e adultos no circuito dos direitos civis pela restauração de um benefício negado, isto é, o direito a uma escola de qualidade, mas também ao reconhecimento da igualdade de todo e qualquer ser humano de acesso a um bem real, social e simbolicamente importante. É essencial não confundir a noção de *reparação* com a de *suprimento*. Para tanto, a alfabetização possibilita e promove a participação em atividades sociais, econômicas, políticas e culturais, configurando-se, assim, como um requisito para a educação continuada por toda a vida. Assim, a EJA constitui

> uma oportunidade concreta de presença de jovens e adultos na escola e uma alternativa viável em função das especificidades socioculturais destes segmentos para os quais se espera uma efetiva atuação das políticas sociais.
> É por isso que a EJA necessita ser pensada como um **modelo pedagógico próprio** a fim de criar situações pedagógicas e satisfazer necessidades de aprendizagem de jovens e adultos. (Brasil, 2000b, p. 9, grifo do original)

Dessa maneira, é necessário um modelo pedagógico na EJA que crie situações educativas que atinjam os reais anseios e as necessidades dos jovens e dos adultos que procuram essa modalidade para complementar seus estudos.

A **função equalizadora**, de acordo com o referido parecer, relaciona-se à igualdade de oportunidades que possibilitarão aos indivíduos novas inserções no mundo do trabalho, na vida social, nos espaços da estética (alfabetização na linguagem não verbal, da arte) e nos canais de participação cidadã. A equidade é a forma pela qual devem ser partilhados os bens sociais, de modo a garantir sua redistribuição e alocação com vistas a promover mais igualdade, consideradas as situações específicas. Nesse sentido, a EJA constitui uma promessa de efetivar um caminho de desenvolvimento a todas as pessoas, de todas as idades. Por meio dela, adolescentes, jovens e adultos poderão atualizar conhecimentos, mostrar habilidades, trocar experiências e ter acesso ao trabalho e à cultura.

A **função qualificadora** é aquela considerada permanente e, mais do que uma função, é o próprio sentido da EJA. Refere-se à educação continuada, com base no caráter incompleto do ser humano, cujos potenciais de desenvolvimento e de adequação podem se atualizar em quadros escolares ou não escolares, de acordo com o Parecer CNE/CEB n. 11/2000. Ou seja, o ser humano apresenta um enorme potencial para se especializar e buscar informações que o elevem de sua condição atual para outra de maior conforto e bem-estar. Assim, ao realizar atividades que fomentem o desenvolvimento das qualidades e das habilidades do aluno, o trabalho na EJA, seja nas funções de reparação e de equalização, seja na função qualificadora, capacita-o para o mundo do trabalho e para a atribuição de significados a suas experiências socioculturais (Brasil, 2000b). A função qualificadora também está relacionada à produção de materiais didáticos adequados permanentes (como um processo), mutáveis (quanto aos conteúdos) e contemporâneos (tornando-se mais acessíveis e tecnológicos).

Consultando a legislação

BRASIL. Ministério da Educação. Conselho Nacional de Educação. Câmara de Educação Básica. Parecer CNE/CEB n. 11, de 10 de maio de 2000. **Diário Oficial da União**, Poder Executivo, Brasília, DF, 9 jun. 2000. Disponível em: <http://portal.mec.gov.br/cne/arquivos/pdf/PCB11_2000.pdf>. Acesso em: 27 jan. 2021.

Sugerimos a leitura integral desse parecer para conhecer os detalhes relacionados à EJA.

2.4 Recomendações para a EJA

A comunidade internacional, representada sobretudo pela Organização das Nações Unidas (ONU) e pela Organização das Nações Unidas para a Educação, a Ciência e a Cultura (Unesco), mostra-se preocupada com as taxas de analfabetismo e as diferenças sociais observadas no mundo. Diversos projetos e atitudes são discutidos e colocados em prática por meio da colaboração de voluntários, organizações não governamentais (ONGs), fundações, políticas públicas e vários outros canais de divulgação, incentivo e manutenção.

Com o intuito de discutir e avaliar as políticas públicas internacionais implementadas para a EJA, a cada doze anos ocorre, desde 1949, a Conferência Internacional de Educação de Adultos (Confintea), cujas reuniões já aconteceram em países como Dinamarca, Canadá, Japão, França, Alemanha e Brasil. Nesses encontros, são apresentadas metas e propostas para a educação nesse segmento que precisam ser atingidas pelos países participantes.

Para saber mais

BRASIL. Ministério da Educação. Secretaria de Educação Continuada, Alfabetização, Diversidade e Inclusão. **Coletânea de textos CONFINTEA Brasil+6**: tema central e oficinas temáticas. Brasília, 2016. Disponível em: <https://unesdoc.unesco.org/ark:/48223/pf0000244672>. Acesso em: 8 fev. 2021.

Caso tenha interesse em conhecer mais sobre as conferências anteriores, sugerimos a leitura desse material.

Em 1997, realizou-se a quinta edição da conferência, em Hamburgo, na Alemanha, talvez uma das mais importantes em termos de organização de decisões para o futuro da EJA. Essa conferência teve como objetivos (Brasil, 2002b, p. 19):

manifestar a importância da aprendizagem de jovens e adultos e conceber compromissos regionais numa perspectiva de educação ao longo da vida que visasse facilitar a participação de todos no desenvolvimento sustentável e equitativo, de promover uma cultura de paz baseada na liberdade, justiça e respeito mútuo e de construir uma relação sinérgica entre educação formal e não formal.

Nos documentos produzidos na Confintea, constata-se que o caminho tomado pela EJA é diferente, pois segue novas orientações em razão dos processos de transformações socioeconômicas e culturais vivenciados pelas nações no fim do século XX, uma vez que a evolução da sociedade exige habilidades de descoberta e potencialização de seus conhecimentos e aprendizagens de forma global e permanente.

De acordo com as orientações da Confintea, a proposta curricular para a EJA estabelece que essa modalidade deve:

- priorizar a formação integral voltada para o desenvolvimento de capacidades e competências adequadas, para que todos possam enfrentar, no marco do desenvolvimento sustentável, as novas transformações científicas e tecnológicas e seu impacto na vida social e cultural;
- contribuir para a formação de cidadãos democráticos, mediante o ensino dos direitos humanos, o incentivo à participação social ativa e crítica, o estímulo à solução pacífica de conflitos e a erradicação dos preconceitos culturais e discriminação, por meio de uma educação intercultural;
- promover a compreensão e a apropriação dos avanços científicos, tecnológicos e técnicos, no contexto de uma formação de qualidade, fundamentada em valores solidários e críticos, em face do consumismo e do individualismo;

- elaborar e implementar currículos flexíveis, diversificados e participativos, que sejam também definidos a partir das necessidades e dos interesses do grupo, de modo a levar em consideração sua realidade sociocultural, científica e tecnológica e reconhecer seu saber;
- garantir a criação de uma cultura de questionamento nos espaços ou centros educacionais, contando com mecanismos de reconhecimento da validade da experiência;
- incentivar educadores e estudantes a desenvolver recursos de aprendizagem diversificados, utilizar os meios de comunicação de massa e promover a aprendizagem dos valores de justiça, solidariedade e tolerância, para que se desenvolva a autonomia intelectual e moral dos sujeitos envolvidos na EJA. (Brasil, 2002b, p. 19-20)

Ainda conforme as recomendações internacionais da Confintea, a EJA deve ter como princípios (Brasil, 2002b, p. 20):

- a inserção num modelo educacional inovador e de qualidade, orientado para a formação de cidadãos democráticos, sujeitos de sua ação, valendo-se de educadores que tenham formação permanente para respaldar a qualidade de sua atuação;
- um currículo variado, que respeite a diversidade de etnias, de manifestações regionais e da cultura popular, cujo conhecimento seja concebido como uma construção social fundada na interação entre a teoria e a prática e o processo de ensino e aprendizagem como uma relação de ampliação de saberes;

- a abordagem de conteúdos básicos, disponibilizando os bens socioculturais acumulados pela humanidade;
- o acesso às modernas tecnologias de comunicação existentes para a melhoria da atuação dos educadores;
- a articulação com a formação profissional: no atual estágio de globalização da economia, marcada por paradigmas de organização do trabalho, essa articulação não pode ser vista de forma instrumental, pois exige um modelo educacional voltado para a formação do cidadão e do ser humano em todas suas dimensões;
- o respeito aos conhecimentos construídos pelos jovens e adultos em sua vida cotidiana.

Em 2015, durante a 38ª Sessão da Conferência Geral da Unesco, foi aprovado o documento intitulado *Recomendação sobre aprendizagem e educação de adultos*, que propõe uma abordagem abrangente e sistemática da questão e define três domínios--chave de aprendizagem e habilidades (Unesco, 2017):

1. alfabetização e habilidades básica;.
2. educação contínua e habilidades profissionai;.
3. educação liberal, popular e comunitária e habilidades cidadãs.

Para saber mais

UNESCO – Organização das Nações Unidas para a Educação, a Ciência e a Cultura. **Recomendação sobre aprendizagem e educação de adultos, 2015**. Brasília, 2017. Disponível em: <https://unesdoc.unesco.org/ark:/48223/pf0000245179_por>. Acesso em: 28 jan. 2021.

Sugerimos a leitura integral do documento publicado pela Unesco sobre a aprendizagem e educação de adultos.

As áreas transversais de ação apresentadas durante a VI Confintea, em 2009, com o Marco de Ação de Belém, são políticas públicas, governança, financiamento, participação, inclusão e equidade e qualidade. Essa recomendação apoia-se no propósito de aprimorar a oferta de educação de qualidade nesse segmento, de forma equitativa e inclusiva (Unesco, 2017).

Síntese

Neste capítulo, examinamos a trajetória legislativa da EJA no Brasil, seus entraves e suas constantes modificações. A longa caminhada dessa modalidade de ensino no país é considerada resultado do descaso político e de interesses da elite dominante em constituir uma minoria letrada e atuante na sociedade. A preocupação com uma melhor qualidade e desenvolvimento da EJA se deu mais recentemente, com a aprovação de documentos como a LDB – por meio da Lei n. 9.394/1996 –, o Parecer CNE/CEB n. 11/2000 e a Resolução CNE/CEB n. 1/2000, com vistas a nortear de forma mais intensa e presente os rumos desse ensino no país.

Analisamos a legislação que garante essa modalidade de ensino em todo o território brasileiro, bem como suas implicações no trabalho dos centros de educação que a ofertam para a população, na formação de professores e nas demais situações. Destacamos o caráter gratuito e de educação básica assumido pela EJA, que deve ser oferecida a todos aqueles que não finalizaram seus estudos no período regular e de maneira a atender às necessidades do público em questão, sempre trabalhando com qualidade e de forma contextualizada e atualizada. Além disso, vimos as metas e estratégias do PNE 2011-2020 voltadas ao avanço da EJA no Brasil.

Também observamos as funções da EJA – reparadora, equalizadora e qualificadora –, que garantem a identidade própria dessa modalidade, consideram o perfil e a faixa etária dos alunos e pautam-se nos princípios da equidade, da diferença e da proporcionalidade na apropriação e na contextualização das Diretrizes Curriculares Nacionais para a EJA, constituindo um modelo pedagógico próprio. A função reparadora traz em sua essência a valorização da caminhada escolar do aluno e refere-se ao direito de acesso a um bem social e simbolicamente importante; a função equalizadora corresponde à garantia de retorno ao universo escolar, dadas as dificuldades e os entraves sofridos pelo sujeito que o impediram de concluir sua escolarização de forma regular; por sua vez, a função qualificadora garante a educação e o conhecimento para toda a vida, sendo a mais significativa das três funções.

Por fim, examinamos as recomendações internacionais para a EJA, sobretudo as definidas pela Unesco e discutidas e atribuídas nas Confinteas, para as quais a produção de conhecimento e a aprendizagem permanente ao longo da vida se configuram como fatores essenciais na mudança educacional requerida pelas transformações globais. Essas recomendações são estrategicamente mantidas por quatro pilares educativos constituintes da formação dos cidadãos: (1) aprender a ser, (2) aprender a conhecer, (3) aprender a fazer e (4) aprender a conviver.

Atividades de autoavaliação

1. As três funções da EJA são:
   a) liberdade, igualdade e fraternidade.
   b) reparação, equalização e liberdade.
   c) reparação, equalização e qualificação.
   d) equidade, diferença e proporcionalidade.
   e) equidade, qualificação e progressismo.

2. O art. 37 da LDB trata da EJA como modalidade de ensino que garante acesso ou continuidade de estudos no ensino fundamental e no ensino médio a todos aqueles que:
   a) precisarem, independentemente da idade e da situação socioeconômica.
   b) não tiveram a oportunidade de finalizar seus estudos na idade adequada.
   c) forem maiores de idade e necessitem de uma atividade profissionalizante.
   d) puderem arcar com os custos associados aos cursos.
   e) precisarem, desde que possam arcar com os custos e sejam maiores de idade.

3. Assinale a alternativa que apresenta os quatro pilares educativos propostos pela Confintea:
   a) Aprender a ser, aprender a viver, aprender a fazer e aprender a conviver.
   b) Saber ser, saber conhecer, saber fazer e saber conviver.
   c) Aprender a ser, aprender a conhecer, saber fazer e saber conviver.

d) Aprender a ser, aprender a conhecer, aprender a fazer e aprender a conviver.
e) Saber ser, saber viver, saber fazer e saber ler.

4. Relacione as funções da EJA a suas respectivas descrições.
   I. Função reparadora.
   II. Função equalizadora.
   III. Função qualificadora.

   ( ) Oferece iguais condições de inserção no mundo do trabalho como forma de efetivar um caminho de desenvolvimento a todas as pessoas, de todas as idades.
   ( ) Valoriza a caminhada escolar do aluno, reconhecendo o direito de acesso a um bem social e simbolicamente importante.
   ( ) É o próprio sentido da EJA, de caráter permanente e para toda a vida.

   Assinale a alternativa correspondente à sequência correta:
   a) II, III, I.
   b) I, II, III.
   c) II, I, III.
   d) III, II, I.
   e) I, III, II.

5. A Resolução CNE/CEB n. 1/2000 estabelece as Diretrizes Curriculares Nacionais para a EJA. Em sua organização pedagógica, ela pressupõe a valorização:
   a) da equidade e da obrigatoriedade dos livros didáticos.
   b) do respeito à diferença e da equidade.
   c) da contextualização do ensino e da diferença entre classes.

d) da distribuição de renda e da equidade.
e) da educação e da obrigatoriedade da leitura.

Atividades de aprendizagem

Questões para reflexão

1. Conhecidos os diversos documentos e as leis que estabelecem como a EJA deve ser ofertada no país, bem como o suporte que deve receber, reflita a respeito das mudanças sofridas ao longo de mais de duzentos anos de história dessa modalidade no Brasil. Ocorreram mudanças significativas? Podemos afirmar que houve evolução na qualidade da alfabetização, do ensino e das experiências vividas pelos sujeitos da EJA?

2. Tendo em vista a reflexão feita anteriormente, procure informações a respeito das iniciativas estaduais e municipais de sua região para o fomento e o desenvolvimento da EJA como uma modalidade de ensino em suas três funções.

Atividade aplicada: prática

1. Pesquise os problemas e os percalços sofridos por alunos, professores e demais membros dos Centros de Educação Básica para Jovens e Adultos (Cebejas) da região em que você mora. Crie um quadro comparativo entre as situações levantadas e as metas propostas no PNE 2011-2020. Verifique se as estratégias estabelecidas no documento foram adotadas e relate suas impressões sobre elas. Se possível, sugira novos planejamentos em conjunto com a comunidade de jovens e adultos.

Capítulo 3

Paulo Freire e suas contribuições para a educação de jovens e adultos no Brasil

Quando buscamos esclarecer as concepções que norteiam a proposta curricular assumida na educação de jovens e adultos (EJA), é fundamental citar o nome do patrono da educação brasileira, Paulo Freire, que se destacou na abordagem dessa modalidade em seus estudos e ideais. Dessa forma, neste capítulo, vamos discutir as lições e concepções deixadas por Freire e a riqueza de suas contribuições, seus métodos e suas teorias voltados ao desenvolvimento e à manutenção da EJA no Brasil.

3.1 Concepções de EJA

Tendo estudado a trajetória da EJA no Brasil e seu histórico conturbado em relação às legislações e ao apoio governamental, conhecer as concepções que norteiam o trabalho nessa modalidade é essencial para orientar a ação docente e refletir criticamente sobre o assunto. Segundo Costa et al. (2017, p. 9317),

> A EJA no Brasil, e em muitos lugares do mundo, é fruto de muitas lutas e reivindicações sociais. Nada chegou de "graça" ou a partir da pura percepção dos líderes governantes da necessidade de oferecer educação aos que a ela não tiveram acesso em idade própria, houve ao longo da história da EJA no Brasil muitos movimentos populares que lutaram pela garantia deste direito que é para/de todos.

Ao trabalharmos com a EJA, defrontamo-nos com duas concepções muito presentes nas instituições e nos sujeitos que atuam com o público composto de jovens e adultos:

(1) as concepções tradicionais de educação, também chamadas de *bancárias* por Paulo Freire (1987), e (2) as socioculturais, também conhecidas como *dialógicas* e defendidas pelo mesmo autor.

Segundo Souza (2012), a **concepção tradicional** considera o aluno um mero receptor de realidades transmitidas a ele e armazenadas em seu intelecto, ou seja, a educação tem caráter instrutor e o papel do professor é o de transmissor, por meio de metodologias expositivas, de conteúdos que serão avaliados por um processo de verificação de memorização. Assim, o ensino de jovens e adultos assemelha-se ao de muitos estabelecimentos de ensino regular para crianças e adolescentes dos níveis fundamental e médio, em que o aluno é receptor passivo de conteúdos desvinculados de sua realidade social e de sua vivência, e a oralidade, a escrita e a leitura são consideradas simples decodificações de símbolos. Desse modo, no processo de transmissão do saber e na construção do humano, pouco se sabe sobre as percepções dos alunos e as influências marcantes na escola nos âmbitos social, político ou ambiental (Teixeira, 2018).

Lima (2014, p. 70-71) observa que, na educação bancária, conforme concebida por Paulo Freire:

> a) o professor ensina, os alunos são ensinados; b) o professor sabe tudo, os alunos nada sabem; c) o professor pensa para si e para os estudantes; d) o professor fala e os alunos escutam; e) o professor estabelece a disciplina e os alunos são disciplinados; f) o professor escolhe, impõe sua opção, os alunos submetem-se; g) o professor atua e os alunos

têm a ilusão de atuar graças à ação do professor; h) o professor escolhe o conteúdo do programa e os alunos – que não foram consultados – adaptam-se; i) o professor confunde a autoridade do conhecimento com sua própria autoridade profissional, que ele opõe à liberdade dos alunos; e j) o professor é sujeito do processo de formação, enquanto os alunos são simples objetos dele.

A **concepção sociocultural** ou **dialógica** é problematizadora e considera as relações do sujeito com o mundo. Aquele é concebido como edificador e criador de conhecimentos, constituindo-se a escola em um lugar de apoio para essa construção, mas não no único ambiente em que se pode aprender, pois a prática e o contexto de mundo que o aluno traz em si compõem um dos eixos em que o sujeito do conhecimento é construído.

Na proposta metodológica de Freire, essa concepção propõe uma aproximação entre professor e aluno em que a postura do educador passa a ser a de orientador do processo de ensino, e não a de transmissor, quebrando-se então o paradigma da relação opressor *versus* oprimido. Também considera a dialogicidade e a problematização no ensino e permite constantes autoavaliações em relação aos métodos a fim de se repensar o processo de ensino de forma continuada (Souza, 2012).

Para Gadotti (1996, p. 721),

A educação problematizadora é fundada sobre a criatividade e estima uma ação e reflexão autênticas sobre a realidade e responde, assim, à vocação dos homens que só são autênticos quando se comprometem na transformação da realidade. Devido a essa relação dialética, a "educação para a libertação se constitui como um ato de saber, um ato de conhecer e um método de transformar a realidade que se procura conhecer".

Nessa concepção, a EJA deve desenvolver a busca do sujeito pela interpretação de conteúdos ideológicos que permitem a emancipação humana por meio do desenvolvimento da consciência política, do trabalho coletivo e em sociedade e da valorização das práticas e das experiências reais vividas. De acordo com Brasil (2002b, p. 98),

> Constantemente, o homem é levado a refletir sobre sua ação e buscar respostas aos desafios propostos e, nesse processo, constrói conhecimento. Sendo assim, o conhecimento nasce da ação e é agindo que ele se confronta com a necessidade de aprender. Como é próprio dos seres humanos agir no mundo, todas as pessoas têm conhecimentos e produzem conhecimentos.

A educação é, portanto, de caráter emancipatório, problematizadora da realidade e libertadora (Freire, 1987). Logo, podemos concluir que, em suas teorias educacionais, Freire chamava a atenção para o fato de que a educação sistemática, inserida em uma sociedade repressiva, age como instrumento de controle social e de manutenção de regimes. Dessa forma, o autor desagradou muitos militares durante a ditadura e chegou a ser exilado.

3.2 Contribuições de Paulo Freire para a EJA

Na década de 1960, surgiu no cenário brasileiro um educador e filósofo nordestino que, por meio de seus métodos inovadores, revolucionaria a EJA no país. Paulo Freire, nascido no Recife, no estado de Pernambuco, em 19 de setembro de 1921, graduou-se em Direito pela Universidade do Recife, mas nunca chegou a exercer a profissão. Ao contrário, preferiu atuar como professor de Língua Portuguesa em escolas de educação básica. Famoso por seus discursos que repassavam suas experiências vividas e sofridas no sertão nordestino, Freire trazia consigo ideias inovadoras e esperançosas de um país igualitário por meio da educação para todos (Costa et al., 2017).

De acordo com Costa et al. (2017), Freire, em 1963, em uma pequena cidade do Rio Grande do Norte chamada Angicos, pôs em prática seu método inovador de alfabetização de jovens e adultos e, em um período de aproximadamente um mês, alfabetizou trezentos cortadores de cana da região. Por meio dessa experiência, Freire procurava instituir um novo modelo educacional, em que o educador/professor e o aluno pudessem aprender respeitando suas histórias, experiências e particularidades. Nessa época, o Brasil passava por diversos movimentos reformistas e grandes revoluções, especialmente a reforma agrária.

Para saber mais

Documentários

OS TRANSGRESSORES. Direção: Luís Erlanger. Brasil: Versátil, 2017. 73 min.

A produção apresenta quatro brasileiros que se destacaram pela dedicação a causas de grande relevância, sendo um deles Paulo Freire, que mudou a educação no Brasil.

PAULO Freire contemporâneo. Direção: Toni Venturi. Brasil, 2006. 52 min.

O documentário aborda o pensamento e a antropologia do pedagogo Paulo Freire. O filme atualiza o educador, mostrando as experiências educacionais atuais nas mais afastadas regiões do Brasil e seu revolucionário método de alfabetização.

Série

PAULO Freire, um homem do mundo. Direção: Cristiano Burlan. Brasil: SescTV, 2019. 258 min. Disponível em: <https://sesctv.org.br/programas-e-series/paulo-freire/?mediaId=3c628c0514fa361bb5e88752efe96893>. Acesso em: 28 jan. 2021.

Em cinco episódios, a série aborda diferentes aspectos da formação de Freire, suas influências na concepção da pedagogia do oprimido, as experiências de alfabetização no sertão do Rio Grande do Norte e o exílio desse educador na Suíça. Além disso, apresenta relatos de profissionais que tiveram contato com Freire e as percepções da interação entre professor e estudante.

Durante o período compreendido entre a Revolução de 1930 e o golpe militar de 1964, o pensamento de Freire começou a ser divulgado com o apoio de setores da Igreja Católica e foi reconhecido até mesmo pelos governantes. De acordo com

Ferrari (2008), o Plano Nacional de Alfabetização do governo João Goulart, coordenado pelo educador, fazia parte do projeto populista defendido pelo presidente em questão e investigava o cenário nordestino, de população em grande parte analfabeta.

Em sua proposta pedagógica assumidamente política, Freire ressalta a importância de conscientizar o aluno, sobretudo das parcelas mais humildes e desfavorecidas da sociedade, para que entenda as situações de opressão sofridas e possa passar a um estado libertador por meio da educação. Segundo o próprio Freire (1987, p. 20),

> Quem, melhor que os oprimidos, se encontrará preparado para entender o significado terrível de uma sociedade opressora? Quem sentirá, melhor que eles, os efeitos da opressão? Quem, mais que eles, para ir compreendendo a necessidade da libertação? Libertação a que não chegarão pelo acaso, mas pela práxis de sua busca; pelo conhecimento e reconhecimento da necessidade de lutar por ela. Luta que, pela finalidade que lhe derem os oprimidos, será um ato de amor, com o qual se oporão ao desamor contido na violência dos opressores, até mesmo quando esta se revista da falsa generosidade referida.

Desse modo, na EJA os processos de alfabetização e de aprendizagem iriam além de um ensino metódico e silábico, descontextualizado e sem aplicação no cotidiano da população. Em seu método, Freire propunha que a educação seja rica em sentido e em significado e partisse do mundo conhecido e vivido pelos alunos (Costa et al., 2017) como forma de apropriação do mundo real em que estavam inseridos os sujeitos da educação e da transformação.

Em 1964, com o golpe militar, Paulo Freire foi preso durante setenta dias, pois sua proposta libertadora não agradou aos governantes da época. Nesse período, pouco se fez pela EJA, como o Movimento Brasileiro de Alfabetização (Mobral), um movimento de alfabetização de adultos sem o caráter libertador preconizado por Freire. Durante o exílio no Chile, o autor escreveu sua mais importante obra, *Pedagogia do oprimido*, em 1968, além de lecionar em outros países, como os Estados Unidos e a Suíça, e organizar planos de alfabetização em países africanos (Ferrari, 2008). Retornou ao Brasil somente em 1979, em virtude da anistia.

Atualmente, a política da EJA, consequência da movimentação e das reivindicações de movimentos sociais de educação popular diante do desafio de resgatar, contribuir e incluir os sujeitos da educação, é uma grande contribuição de Freire para a modalidade, apesar de muitos desafios ainda persistirem.

3.3 Métodos na EJA

Ao contrário do que propunham os métodos de alfabetização puramente mecânicos, o de Freire (1979, p. 22) tinha o propósito de "levar a termo uma alfabetização direta, ligada realmente à democratização da cultura e que servisse de introdução; ou, melhor dizendo, uma experiência suscetível de tornar compatíveis sua existência de trabalhador e o material que lhe era oferecido para aprendizagem".

De acordo com o autor, era de suma importância que o professor se sensibilizasse com as dificuldades de jornadas vivenciadas pelos alunos e com os conhecimentos de suas experiências trazidos por eles. A alfabetização era vista como um ato de criação capaz de estimular novos geradores, com sujeitos vistos como produtores não passivos nem transformados em objetos, mas capazes de atuar na sociedade por meio de uma metodologia que fosse instrumento do educando, e não somente do educador, e que identificasse o conteúdo da aprendizagem com o processo de aprender. Daí o uso de palavras geradoras para o aprendizado da língua, utilizando-se divisões silábicas de forma consciente.

O método de alfabetização proposto por Freire (1979) é formado por cinco fases, em que se trabalha com a relação reflexão-diálogo-presente.

1. Na **primeira fase**, descobre-se, por meio do diálogo e da observação, o universo vocabular dos educandos, retendo-se palavras ligadas à vivência do grupo e suas expressões típicas, sobretudo aquelas relacionadas à experiência profissional deles. As palavras geradoras precisam surgir das práticas de contato e diálogo, e não de uma simples seleção feita por alguém. Em meio à conversa inicial, identificam-se anseios, frustrações, desconfianças, esperanças, força e participação dos sujeitos que ali estão, o que pode enriquecer, e muito, o trabalho do educador, como exemplificado por Freire (1979, p. 23, grifo do original): "'Quero aprender a ler e a escrever – disse um analfabeto do Recife – para deixar de ser a **sombra**

dos outros.' […] 'Quero aprender a ler e a escrever para mudar o mundo' – afirma um analfabeto, para quem, com razão, conhecer é atuar sobre a realidade conhecida".

2. Na **segunda fase**, selecionam-se palavras geradoras dentro do universo identificado, obedecendo-se a alguns critérios, como riqueza silábica, dificuldades fonéticas crescentes e conteúdo prático dos termos. Segundo Freire (1979), a melhor palavra geradora é aquela que reúne em si a porcentagem mais elevada de critérios sintáticos e semânticos e poder de conscientização ou conjunto de reações socioculturais que ela gera.
3. Na **terceira fase**, ocorre a criação de situações existenciais típicas do grupo com o qual se trabalha, na forma de desafios. São propostas situações problemáticas, codificadas para serem traduzidas com o auxílio do educador e, assim, gerar a conscientização para a alfabetização. De acordo com Freire (1979, p. 24), "Entre estas perspectivas se situam as palavras geradoras, ordenadas conforme o grau de suas dificuldades fonéticas. Uma palavra geradora pode englobar a situação completa ou referir-se somente a um dos elementos da situação".
4. Na **quarta fase**, acontece a elaboração de fichas indicadoras correspondentes às palavras geradoras, sem uma estrutura engessada, rígida e imperativa, ou seja, as fichas servem apenas para auxiliar o trabalho dos coordenadores.
5. Na **quinta fase**, estruturam-se as fichas de famílias fonéticas construídas com base nas palavras geradoras.

Para Freire (1979), o processo de alfabetização é inicialmente uma forma de ação cultural para a liberdade e um ato de um sujeito cognoscente em diálogo com o educador. Conforme o autor, o processo efetivo da alfabetização ocorre com debates entre o coordenador da atividade e o aluno analfabeto. Após o debate de descodificação, a palavra geradora é visualizada, não para que seja memorizada, mas para que se estabeleçam laços semânticos entre ela e o objeto a que se refere. Posteriormente, a palavra é mostrada em sílabas para que se inicie o trabalho com as famílias silábicas.

Segue um trecho marcante da experiência relatada por Freire (1979, p. 45, grifo do original) em sua obra:

> Num dos Círculos de Cultura da experiência de Angicos (Rio Grande do Norte), coordenado por minha filha Magdalena, no quinto dia do debate, quando ainda não se retinham senão fonemas simples, um dos participantes foi ao quadro negro para escrever – disse ele – uma palavra de pensamento. Escreveu: "O povo vai resouver (por resolver) os poblemas (por problemas) do Brasil votando conciente (por consciente)." Acrescentamos que, nestes casos, os textos eram discutidos em grupos, estudando o seu significado em relação à nossa realidade.
> Como explicar que um homem, uns dias antes analfabeto, escreva palavras partindo de fonemas complexos que ainda não estudou? Deve-se a que, havendo dominado o mecanismo das combinações fonéticas, intenta e consegue expressar-se graficamente da maneira como fala.

O método proposto por Freire ficou nacional e mundialmente conhecido por considerar as situações em que os sujeitos estão envolvidos, de modo a torná-los protagonistas de sua aprendizagem, em vez de apenas depositar neles os conhecimentos.

3.4 Teorias de Paulo Freire

Durante muitos anos, os educadores brasileiros pecaram nos aspectos de ensino e aprendizagem voltados ao aluno, concentrando-se no ensino de conteúdos e em metodologias para transmiti-los. As recentes pesquisas indicam que isso está mudando em decorrência do surgimento de teorias e estudos que refletem o protagonismo do aluno no processo de aprendizagem.

As concepções socioconstrutivistas consideram que

> o conhecimento não é algo situado fora do indivíduo, a ser adquirido por meio da cópia do real, tampouco algo que o indivíduo constrói independente da realidade exterior, dos demais indivíduos e de suas próprias capacidades pessoais. É, antes de tudo, uma construção histórica e social, na qual interferem fatores de ordem antropológica, cultural e psicológica, entre outros. (Brasil, 2002b, p. 99)

A aprendizagem, nessa concepção, caracteriza-se como uma atividade mental construtiva que parte de experiências e conhecimentos prévios dos alunos, conforme a perspectiva de Freire em seu método. Considerar a vivência e o que o aluno traz de seu cotidiano pode ajudá-lo a significar o conhecimento, visto que a escola não detém o saber absoluto, mas auxilia em sua discussão, significação e compreensão:

> Os alunos jovens e adultos, devido ao seu percurso de vida, experiências pessoais, interpessoais e, muitas vezes, profissionais, apresentam uma diversidade de conhecimentos prévios e cada qual possui um repertório distinto. É a partir desses conhecimentos que se dá o contato com o novo conteúdo, atribuindo-lhe significado e sentido, que são os fundamentos para a construção de novos significados. (Brasil, 2002b, p. 99)

Freire convidava os professores a ter uma visão diferente da educação, que fosse moldada e repleta de afetividade, que cumprisse os deveres éticos e de autoridade e que não admitisse a simples transmissão de conteúdos. O protagonismo e a autonomia do aluno, aliados ao papel do professor como mediador, estabeleceriam uma relação prática dialógica (Silva, 2013). Segundo Freire (1993, p. 79, grifo do original),

> O professor deve ensinar. É preciso fazê-lo. Só que **ensinar** não é **transmitir** conhecimento. Para que o ato de ensinar se constitua como tal, é preciso que o ato de **aprender** seja precedido do, ou concomitante ao, ato de **apreender** o conteúdo ou o objeto cognoscível, com que o **educando se torna produtor também do conhecimento** que lhe foi ensinado.

Desse modo, a educação, como um processo de transformação e libertação, deve estar consolidada na cultura do povo e emergir do contexto popular para transformar a vida dos indivíduos que são sujeitos de sua história.

Durante a construção de sua teoria, Freire desmistificou os sonhos dos pedagogos da década de 1960 que, na América Latina, sustentavam que a escola tudo podia, bem como o pessimismo da década de 1970, em meio ao qual se acreditava que a escola formava meros reprodutores do *status quo* (Gadotti, 2000). O chamado *construtivismo freireano* é algo que quebra as barreiras da pesquisa e do exercício da discussão de temas em sala de aula, pois mostra que todos podem aprender, todos sabem alguma coisa e são responsáveis pela construção do próprio conhecimento e pela ressignificação do que aprendem.

Síntese

Neste capítulo, abordamos os métodos, as concepções, as contribuições e as teorias de Paulo Freire voltadas à EJA. Sendo um educador e filósofo brasileiro de representatividade mundial, Freire encanta com suas obras e com sua pedagogia que promove a libertação do aluno – o sujeito da educação, que era oprimido por meio de concepções tradicionais (educação bancária e de transmissão de conteúdos) –, levando-o uma percepção sociocultural e problematizadora, na qual ele é protagonista do mundo e atinge sua emancipação humana, principalmente na EJA.

Portanto, a proposta pedagógica de Freire era voltada à conscientização do aluno de que um ser oprimido pelas condições da sociedade só poderia ser libertado pelo poder da educação. Em seu método de alfabetização, sua visão humanista fomentava a autonomia, a consciência crítica e a capacidade de decisão desenvolvida pelo aluno no decorrer de cinco fases:

(1) investigação temática (de verificação do universo vocabular do aluno); (2) definição de temas geradores; (3) criação de situações problematizadoras; (4) desenvolvimento de fichas indicadoras; (5) desenvolvimento de fichas fonéticas com base em palavras geradoras. Assim, no construtivismo freireano, o aluno é incentivado a construir e a ressignificar conteúdos utilizando seu conhecimento e sendo responsável pelo próprio aprendizado.

Atividades de autoavaliação

1. Conforme vimos neste capítulo, a essência da teoria de Paulo Freire para a EJA é a educação:
   a) opressora.
   b) bancária.
   c) transmissora.
   d) libertadora.
   e) inovadora.
2. A utilização de temas geradores proposta por Paulo Freire visa a um ensino articulado às experiências de vida e comprometido com a transformação da realidade dos educandos. Com base nessa afirmativa, assinale a alternativa que apresenta a descrição correta da proposta de Freire:
   a) Consiste na extração, pelos professores, de temas geradores usando como referência os livros didáticos.
   b) Tem como ponto de partida a contextualização de um assunto presente no dia a dia dos educandos e do educador.

c) É avaliada atualmente como ultrapassada e não condiz com o contexto educacional contemporâneo.
d) Visa preparar os alunos para o desempenho de papéis sociais requeridos pelo mercado de trabalho.
e) É impraticável no contexto da sala de aula, pois ela configura um ambiente heterogêneo.

3. Assinale a alternativa que apresenta o papel do educador na proposta pedagógica de Paulo Freire:
   a) O professor fala e os alunos apenas escutam.
   b) O professor pensa por si e pelos alunos.
   c) O professor considera os conhecimentos trazidos pelos alunos.
   d) O professor é o sujeito do processo de formação dos alunos.
   e) O professor transmite seus conhecimentos e os alunos apenas anotam.

4. Assinale a alternativa que apresenta os conceitos aos quais a visão humanista do método de Paulo Freire está associada:
   a) Autonomia, consciência crítica e capacidade de decisão.
   b) Respeito às diferenças e à transmissão de conteúdos.
   c) Autonomia, consciência crítica e repressão.
   d) Conscientização, dependência e emancipação humana.
   e) Anarquia e transmissão de doutrinas em sala de aula.

5. (Enade – 2006 – Normal Superior) Em uma escola de Educação de Jovens e Adultos, os professores do primeiro nível, ou seja, o da alfabetização ou letramento, iniciam o processo educativo por meio de levantamento do universo vocabular

dos alunos e, posteriormente, selecionam as palavras com as quais serão criadas situações desafiadoras de aprendizagem. A partir das discussões orais acerca da situação proposta, realizadas em grupo, inicia-se o trabalho de decodificação, análise e construção da escrita. Essa metodologia vem dando bons resultados e reduzindo significativamente o número de jovens e adultos não alfabetizados.

Considerando essa situação hipotética, é correto afirmar que o grupo de professores trabalha com uma perspectiva de alfabetização ou letramento que considera determinadas características essenciais. Essas características **não** incluem

a) o resgate da cultura popular como elemento fundamental no processo de elaboração do saber.
b) a consecução de uma prática pedagógica que considere o jovem e o adulto como construtores de conhecimento.
c) a reprodução do ensino regular de maneira facilitadora para o jovem ou adulto, com a essencial incidência da ação do educador.
d) o estímulo ao trabalho de integração entre a prática e a teoria no processo de alfabetização de jovens e adultos.
e) a contribuição para a compreensão geral do ser humano acerca de si mesmo, como ser social aberto à discussão democrática.

Atividades de aprendizagem

Questões para reflexão

1. Depois de conhecer a concepção de Paulo Freire para a EJA, como você poderia planejar uma conversa inicial com sua turma e uma posterior seleção de conteúdos da disciplina de Química a serem abordados ao longo do curso? Lembre-se do caráter problematizador e da necessidade de considerar as experiências diversas trazidas pelos estudantes.

2. Tendo em vista a reflexão feita anteriormente, procure informações a respeito das iniciativas tomadas em centros de EJA para alfabetização nos moldes de Paulo Freire. Tome nota dos relatos de vivências e experiências de professores e alunos e compare-os com as experiências vividas por Freire mencionadas neste capítulo.

Atividade aplicada: prática

1. Leia a obra *Pedagogia do oprimido*, de Paulo Freire (1987), com um olhar crítico de um educador libertador. Em seu fichamento, faça anotações acerca do problema trazido na obra, identifique as estratégias para a libertação, resuma o método apresentado pelo autor para que ocorra a transformação por meio da educação e destaque frases que se apliquem a sua rotina de estudos, trabalho ou vivência como educador.

Capítulo 4

A educação de jovens e adultos e o mundo do trabalho

Neste capítulo, vamos tratar da educação de jovens e adultos (EJA) inserida no contexto do mundo do trabalho. Como veremos, os movimentos populares levaram ao crescimento da preocupação com o desenvolvimento intelectual das camadas marginalizadas da sociedade, com vistas a sua reintegração e a sua inclusão em uma cidadania ativa e militante.

A seguir, vamos discutir práticas, currículos e metodologias trabalhados na EJA que buscam inserir jovens e adultos no mercado de trabalho e garantir a adaptação deles ao ambiente coorporativo.

4.1 Educação popular

Historicamente, os movimentos populares cresceram no Brasil com o intuito de promover a cultura geral como ferramenta de elevação do nível educacional e de aproximação, principalmente da juventude, com a intelectualidade. Desenvolvidas em sua grande maioria na Região Nordeste brasileira, correntes como o Movimento de Educação de Base (MEB) e o Movimento de Cultura Popular (MCP) tiveram esse propósito, constituindo meios de educação popular.

A educação popular, portanto, é compreendida como uma modalidade não institucionalizada que ocorre em grupos populares, de acordo com as realidades vividas, e vai contra um modelo educacional dominante. É adotada em diferentes meios, contextos e situações e fomentada principalmente por grupos e movimentos sociais do campo e da cidade.

De acordo com Pini (2012), há a defesa, por parte do movimento pela escola pública, gratuita, laica e de qualidade, que ela seja oferecida também pelo Estado a classes populares. Logo, a educação popular se caracteriza por "práticas educativas que acontecem com o povo e desde o povo, porque os educadores populares estão organicamente relacionados às classes populares: comprometem-se com elas, pesquisam-nas, produzem conhecimento e intervêm na realidade em busca de mudanças" (Carneiro, 2020, p. 28).

Mesmo havendo iniciativas anteriores, a década de 1960 ficou conhecida como o marco da evolução da educação popular brasileira, desenvolvida sob o olhar crítico, político e reflexivo de Paulo Freire. Até meados dessa década, a educação popular era vista, exclusivamente, como educação de adultos com o intuito de recuperar atrasos no processo educacional de forma verticalizada (depósito de conteúdos considerados importantes por uma parcela organizadora educacional).

Por meio da escalada da educação de base libertadora e, então, popular, Freire e diversos educadores promoviam a transformação da sociedade tanto nos âmbitos político, econômico e cultural quanto na esfera da proposição de teorias e práticas voltadas à cultura popular. Como vimos, sua atuação foi memorável e trouxe grande representatividade ao movimento em prol da EJA.

Sob a aprovação do presidente João Goulart, em 1964, instituíram-se milhares de círculos de cultura no Brasil, respaldados pelo Plano Nacional de Alfabetização (PNA), com a intenção de desenvolver a cidadania e os valores de seus frequentadores. De acordo com Carneiro (2020), os membros dos círculos de cultura tornavam-se politicamente ativos, ou seja, plenamente capazes de participar da vida social e política e de aproveitar as diferentes formas de conviver em sociedade, evidenciando-se o caráter emancipador da relação entre a cidadania ativa e o aprendizado.

Duramente repreendidos pelo golpe militar de 1964, Paulo Freire e os demais educadores e seguidores de sua filosofia libertadora viram-se obrigados a conter seus esforços pela educação popular. Todavia, com o fim da ditadura e a vinda da anistia, Freire liderou diversos processos voltados à educação popular, principalmente em São Paulo, onde atuou na prefeitura por dois anos como secretário municipal de educação e criou o Movimento de Alfabetização de Jovens e Adultos (Mova Brasil).

Revoltas e movimentações populares sempre geram mudanças políticas e organizacionais e podem incomodar as elites dominantes. Logo, é importante ressaltar que os avanços em termos de educação popular sempre estarão relacionados a movimentos de classes menos abastadas e/ou menos favorecidas da sociedade como modelo emergente de educação. Uma proposta que surgiu nesse cenário é a Rede de Educação Cidadã (Recid), por exemplo, criada em 2003, como resultado de

> uma articulação de diversos atores sociais, entidades e movimentos populares do Brasil que assumem solidariamente a missão de realizar um processo sistemático de sensibilização, mobilização e educação popular da população brasileira e principalmente de grupos vulneráveis econômica e socialmente (indígenas, negros, jovens, LGBT, mulheres etc.), promovendo o diálogo e a participação ativa

na superação da miséria, afirmando um Projeto Popular, democrático e soberano de Nação. (Recid, 2021)

Para Gadotti (2012), a educação popular, como concepção geral da educação, *a priori* se opôs à educação de adultos impulsionada pelo Estado e ocupou lacunas deixadas por esse segmento. O autor observa que

> Um dos princípios originários da educação popular tem sido a criação de uma nova epistemologia, baseada no profundo respeito pelo senso comum que trazem os setores populares em sua prática cotidiana, problematizando-o, tratando de descobrir a teoria presente na prática popular, teoria ainda não conhecida pelo povo, problematizando-a também, incorporando-lhe um raciocínio mais rigoroso, científico e unitário. (Gadotti, 2012, p. 7)

A educação popular vem a ser, então, um paradigma teórico surgido das lutas populares que buscam a construção de saberes e a organização social. De acordo com Gadotti (2012, p. 20), "a educação popular vem se reinventando hoje, incorporando as conquistas das novas tecnologias, retomando velhos temas e incorporando outros [...] mantendo-se sempre fiel à leitura do mundo das novas conjunturas".

Para saber mais

CARNEIRO, G. **Educação popular**: uma formação libertadora. Curitiba: InterSaberes, 2020.

Para conhecer mais a respeito da história brasileira, dos conceitos e do andamento da educação popular, sugerimos a leitura do livro de Gisele Carneiro.

No contexto atual, a EJA e a educação popular têm públicos distintos, apesar de muitas vezes serem confundidos entre si, pois, segundo Oliveira (2010), as duas apresentam as mesmas origens, preocupações e ações iniciais; entretanto, seus desenvolvimentos as tornam ímpares.

> Não por acaso, a EJA é hoje uma modalidade educativa oficial, parte do sistema nacional de ensino, e a Educação Popular ocupa outros espaços e preocupações, sobretudo de organizações do terceiro setor. O que as une é o fato de serem, ambas, ainda tema secundário em relação aos interesses político-educativos efetivamente abraçados pelos sucessivos governos do país. (Oliveira, 2010, p. 105)

Como já discutimos, diversos são os entraves burocráticos e políticos que envolvem a EJA e a educação popular. Cabe aos órgãos governamentais competentes buscar eliminar essas barreiras para que, consequentemente, desenvolvam-se meios para uma educação mais libertadora.

4.2 O papel da EJA no mundo do trabalho

Socialmente, o sucesso profissional é visto como consequência do investimento em formação, tido como mérito de cada um, e da capacidade de saber desfrutar de oportunidades que surgem durante o processo de desenvolvimento profissional. No entanto, a realização, os sucessos e os insucessos do sujeito no mundo do trabalho não dependem apenas de seu desempenho e de suas escolhas individuais, mas também de toda uma série de fatores sociais que impactam diretamente o contexto em que ele vive (Méndez, 2013).

Ocupando uma posição central na estrutura social, o trabalho permite a aquisição de bens e a realização pessoal no que diz respeito ao consumo. Da mesma forma que são geradas e cultivadas as relações pessoais na escola e na família, no trabalho também há experiências que, de acordo com Basegio e Borges (2013), constroem a noção dos limites do exercício da cidadania e possibilitam desenvolver uma identidade própria.

Ao lidarmos com a EJA, não podemos nos esquecer de que os alunos já estão envolvidos, muitas vezes, com o mundo do trabalho, configurando o que chamamos de *trabalhadores-estudantes* (Basegio; Borges, 2013). Isso significa que muitos alunos trazem experiências e saberes dos ambientes que frequentam todos os dias ou que já frequentaram em uma função exercida, experiências estas que podem ser positivas ou negativas.

Como explica Méndez (2013, p. 41),

> Para compreender as diferentes inserções dos sujeitos no mundo laboral, é essencial considerar que estamos olhando para um amplo grupo social, composto por homens e mulheres, de diversas idades e origens. No caso do Brasil, o componente étnico-racial é outro aspecto a ser considerado ao analisar as experiências dos trabalhadores. No século XXI, fatores históricos e culturais, articulados a inovações tecnológicas e produtivas, apresentam o mundo do trabalho como uma realidade cada vez mais complexa e difícil de ser analisada em sua totalidade.

Esse ambiente difícil de analisar e em constante evolução vem perdendo, gradativamente, o caráter pedagógico, culminando na geração de grupos que não conseguem enquadrar-se em vagas ofertadas e, por consequência, ficam sem vínculo empregatício. Essa circunstância leva ao não reconhecimento pessoal como parte integrante da sociedade, principalmente pela supressão do consumo, podendo gerar situações de vulnerabilidade social, definida por Basegio e Borges (2013) como a exposição do indivíduo a contextos que possam levá-lo ao desvio de conduta e à marginalidade para conseguir manter suas necessidades básicas.

Dessa forma, ao buscarem o retorno às salas de aula, esses jovens e adultos têm por objetivo vencer o desafio de estar qualificados para o mercado profissional ou assumir cargos com melhor remuneração nas empresas em que atuam ou, até mesmo, conseguir novas oportunidades. Mais do que aprender a ler e escrever ou ter acesso a uma infinidade de conteúdos, o sujeito que frequenta a EJA deseja participar ativamente da transformação do progresso social e desenvolver uma consciência crítica, o que é fundamentado pelo caráter democratizante e transformador dessa modalidade.

Para Basegio e Borges (2013, p. 43, grifo do original),

> a ampliação da EJA, principalmente nas etapas que correspondem à educação básica, não está mais ligada apenas à adaptação da sociedade às novas exigências impostas pelo mercado de trabalho a partir da chamada *reestruturação produtiva*, a qual exige que os trabalhadores sejam mais bem preparados e especializados para

conseguirem se colocar no mercado de trabalho, além de pressionar os governos para suprimir direitos conquistados, os quais estabelecem, ao menos no caso brasileiro, uma relativa seguridade social para os trabalhadores formais.

A concepção central da EJA, portanto, envolve não apenas transmitir saberes instrumentais para auxiliar na conquista de emprego, mas também levar o aluno a refletir sobre os fundamentos que condicionam a existência do sujeito de forma individual e coletiva, impelindo-o a esclarecer a realidade em que se encontra para desenvolver a consciência crítica. Para tanto, é fundamental que as escolas ofereçam um ensino voltado às necessidades profissionais dos alunos (Lima; Oliveira; Paz, 2015).

Para saber mais

OS DESAFIOS da educação de jovens e adultos. **Roda de Conversa**. Belo Horizonte: Rede Minas, 31 mar. 2014. Programa de televisão. Disponível em: <https://www.youtube.com/watch?v=aECS7PB0HoA>. Acesso em: 29 jan. 2021.

Dividido em três partes, o programa discute a formação dos profissionais que trabalham na área da EJA, o respeito às especificidades dessa modalidade de ensino, as políticas específicas vigentes para a EJA e o contexto social e cultural dos alunos.

Aqui, ressaltamos o quanto o conhecimento, por parte de professores e educadores, dos diferentes perfis de alunos, de suas histórias, necessidades e experiências e de seus anseios é importante. O uso dessas informações para a criação de temas geradores das aulas, como propõe o método de Paulo Freire (1979), proporciona um maior envolvimento e o estreitamento de laços entre professor e aluno, podendo colaborar para a significação da aprendizagem.

4.3 Metodologias para a EJA e o mundo do trabalho

O investimento em formação e em sua qualidade pode influenciar a ocupação remunerada no mercado de trabalho que o indivíduo pode atingir, mas não estabelece uma garantia. Desde cedo, as pessoas são levadas a refletir sobre suas escolhas profissionais, o que se traduz em comentários como "O que você vai ser quando crescer?" ou "Você precisa se esforçar, senão não terá boas oportunidades de trabalho". Percebemos, nesses discursos, uma convergência constante entre estudo e trabalho, o que nos leva a crer que sem estudo não há trabalho, muito menos trabalho de qualidade.

Movidos pelo interesse de conseguir se adequar, os sujeitos que procuram a modalidade da EJA para se reintegrarem à sociedade ou aprimorarem capacidades a fim de se inserirem no mercado de trabalho de forma qualificada encontram nos professores e no currículo proposto pela modalidade a esperança de alcançar condições melhores. Nesse contexto, os professores assumem uma grande responsabilidade em relação a esses sujeitos.

De acordo com o Conselho Nacional de Educação (CNE) e a Câmara de Educação Básica (CEB), por meio do Parecer CNE/CEB n. 11, de 10 de maio de 2000 (Brasil, 2000b), as instituições têm o dever de suprir essa necessidade dos alunos, uma vez que o trabalho se constitui no contexto mais importante da experiência curricular. Assim, é de suma importância atentar para o trecho a seguir desse parecer (Brasil, 2000b, p. 57-58, grifo do original):

> O trabalho, seja pela experiência, seja pela necessidade imediata de inserção profissional merece especial destaque. A busca da alfabetização ou da complementação de estudos participa de um projeto mais amplo de cidadania que propicie inserção profissional e busca da melhoria das condições de existência. Portanto, o tratamento dos conteúdos curriculares não pode se ausentar desta premissa fundamental, prévia e concomitante à presença em bancos escolares: a vivência do trabalho e a expectativa de melhoria de vida. Esta premissa é o contexto no qual se deve pensar e repensar o liame entre qualificação para o trabalho, educação escolar e os diferentes componentes curriculares. É o que está dito no art. 41 da LDB:
>> *O conhecimento adquirido na educação profissional, inclusive no trabalho, poderá ser objeto de avaliação, reconhecimento e certificação para prosseguimento ou conclusão de estudos.*
>
> Neste sentido, o projeto pedagógico e a preparação dos docentes devem considerar, sob a ótica da contextualização, o trabalho e seus processos e produtos desde a mais simples mercadoria até os seus significados na construção da vida coletiva. Mesmo na perspectiva da transversalidade

temática tal como proposta nos Parâmetro Nacionais do Ensino Fundamental vale a pena lembrar que cabe aos projetos pedagógicos a redefinição dos temas transversais aí incluindo o trabalho ou outros temas de especial significado. As múltiplas referências ao trabalho constantes na LDB têm um significado peculiar para quem já é trabalhador. É nesta perspectiva que a leitura de determinados artigos deve ser vista sob a especificidade desta modalidade de ensino.
Veja-se como exemplo este parágrafo do art. 1º da LDB:
> § 2º A educação escolar deverá vincular-se ao mundo do trabalho e à prática social.

Leia-se agora este inciso II do art. 35:
> II – a preparação básica para o trabalho e a cidadania do educando, para continuar aprendendo, de modo a ser capaz de se adaptar com flexibilidade a novas condições de ocupação ou aperfeiçoamento posteriores;

Tome-se o parágrafo único do art. 39:
> Parágrafo único: o aluno matriculado ou egresso do ensino fundamental, médio e superior, bem como o trabalhador em geral, jovem ou adulto, contará com a possibilidade de acesso à educação profissional.

Por isso, aqueles 25% da carga horária do ensino médio aproveitáveis no currículo de uma possível habilitação profissional tais como dispostos no § único do art. 5º do Decreto nº 2.208/97 e a forma como foi tratada esta alternativa nos Pareceres CEB 15/98 e 16/99 se dirigem para e expressam uma realidade significativamente presente na vida destes jovens e adultos. O que está dito no Parecer CEB nº 15/98 para o ensino médio em geral ganha mais força para os estudantes da EJA porque em sua maioria já trabalhadores.

> *O trabalho é o contexto mais importante da experiência curricular (...) O significado desse destaque deve ser devidamente considerado: na medida em que o ensino médio é parte integrante da educação básica e que o trabalho é princípio organizador do currículo, muda inteiramente a noção tradicional da educação geral acadêmica ou, melhor dito, academicista. O trabalho já não é mais limitado ao ensino profissionalizante. Muito ao contrário, a lei reconhece que, nas sociedades contemporâneas, todos, independentemente de sua origem ou destino profissional, devem ser educados na perspectiva do trabalho...*

Muitos dos sujeitos que ingressam na EJA apresentam quadros de desfavorecimento social e experiências familiares e sociais que vão contra as expectativas, os conhecimentos e as aptidões que muitos educadores têm em relação a esses alunos. De acordo com o Parecer CNE/CEB n. 11/2000 (Brasil, 2000b, p. 57), "Identificar, conhecer, distinguir e valorizar tal quadro é princípio metodológico a fim de se produzir uma atuação pedagógica capaz de produzir soluções justas, equânimes e eficazes".

O ensino tradicionalista, curricular e metodológico ainda é o que mais se reproduz em centros de ensino de jovens e adultos e, como afirmam Lima, Oliveira e Paz (2015), oferece uma série de conteúdos desconectados da vida profissional do aluno, além de não dar sentido ao propósito de retorno e de conclusão da vida escolar. Assim, a aplicabilidade é restrita e a frustração é grande.

A discussão sobre a infantilização da EJA também é muito presente no mundo do trabalho. Apesar de conteúdos equivalentes serem ensinados, a linguagem e a abordagem precisam ser adaptadas e amadurecidas. Um aluno de 40 anos de idade, que retoma seus estudos no 6º ano do ensino fundamental, não apresentará interesse em uma atividade da disciplina de Matemática de cunho infantil, com desenhos para colorir e personagens fictícios. A aprendizagem precisa estar repleta de sentidos e significados e retratar situações cotidianas e problemas enfrentados pelo sujeito, como pagamento de contas, impostos sobre salário, juros de empréstimos, faturamento de caixa de uma empresa, cálculo de área a ser coberta com revestimento cerâmico e proporções para preparação de receitas, entre outros.

Para saber mais

RÉUS, M. B. **"Caprichem nas folhinhas"**: a infantilização das práticas pedagógicas e a docência da EJA. Trabalho de Conclusão (Licenciatura em Pedagogia) – Universidade Federal do Rio Grande do Sul, Porto Alegre, 2013. Disponível em: <https://www.lume.ufrgs.br/bitstream/handle/10183/77300/000895686.pdf?sequence=1&isAllowed=y>. Acesso em: 1º fev. 2021.

O trabalho indicado problematiza a infantilização na EJA e reflete sobre suas implicações para o trabalho com esse segmento.

Em suas propostas metodológicas e curriculares, os professores precisam oferecer momentos ligados ao mundo, como sugerem Lima, Oliveira e Paz (2015), por meio da preparação ou da análise de currículos, entrevistas, cartas de apresentação, relatórios técnicos, tabelas, gráficos, legislação profissional, direitos trabalhistas, matemática financeira e economia.

A estrutura curricular para a EJA voltada ao mundo do trabalho depende de uma integração epistemológica, de conteúdos, de metodologias e de práticas educativas. A integração curricular implica uma integração da teoria com a prática, do saber com o saber fazer. O currículo pode ser traduzido como integração de uma formação humana mais geral com uma formação para o ensino médio e uma formação profissional (Brasil, 2007).

Portanto, o currículo integrado é uma alternativa de inovação pedagógica no ensino médio, em favor dos diferentes perfis de alunos que usufruem da modalidade, "por meio de uma concepção que considera o mundo do trabalho e que leva em conta os mais diversos saberes produzidos em diferentes espaços sociais" (Brasil, 2007, p. 43).

Conforme o documento-base proposto em 2007, os fundamentos político-pedagógicos que devem orientar a organização curricular para a EJA voltada ao mundo do trabalho são os seguintes:

a. A integração curricular visando à qualificação social e profissional articulada à elevação da escolaridade, construída a partir de um processo democrático e participativo de discussão coletiva;
b. A escola formadora de sujeitos articulada a um projeto coletivo de emancipação humana;

c. A valorização dos diferentes saberes no processo educativo;
d. A compreensão e consideração dos tempos e espaços de formação dos sujeitos da aprendizagem;
e. A escola vinculada à realidade dos sujeitos;
f. A autonomia e colaboração entre os sujeitos e o sistema nacional de ensino;
g. O trabalho como princípio educativo [...]. (Brasil, 2007, p. 47)

Para tanto, a proposta de organização curricular como processo de apuração de saberes, habilidades, valores e culturas precisa considerar:

a. A concepção de homem como ser histórico-social que age sobre a natureza para satisfazer suas necessidades e, nessa ação produz conhecimentos como síntese da transformação da natureza e de si próprio [...];
b. A perspectiva integrada ou de totalidade a fim de superar a segmentação e desarticulação dos conteúdos;
c. A incorporação de saberes sociais e dos fenômenos educativos extraescolares; "os conhecimentos e habilidades adquiridos pelo educando por meios informais serão aferidos e reconhecidos mediante exames" [...];
d. A experiência do aluno na construção do conhecimento; trabalhar os conteúdos estabelecendo conexões com a realidade de educando, tornando-o mais participativo;
e. O resgate da formação, participação, autonomia, criatividade e práticas pedagógicas emergentes dos docentes;

f. A implicação subjetiva dos sujeitos da aprendizagem;
g. A interdisciplinaridade, a transdisciplinaridade e a interculturalidade;
h. A construção dinâmica e com participação;
i. A prática de pesquisa [...]. (Brasil, 2007, p. 49)

Configuram-se, então, diferentes abordagens e estratégias metodológicas, que, para Machado (2005, citada por Brasil, 2007, p. 50-51, grifo do original), podem ser assim designadas:

Abordagens embasadas na perspectiva de complexos temáticos:

Concentricidade de temas gerais, ligados entre si;
Temas integradores, transversais e permanentes;
Temas que:

- Abranjam os conteúdos mínimos a serem estudados;
- Possam ser abordados sob enfoque de cada área do conhecimento;
- Possibilitem compreender o contexto em que os alunos vivem;
- Atendam as condições intelectuais e sociopedagógicas dos alunos;
- Produzam nexos e sentidos;
- Permitam o exercício de uma pedagogia problematizadora;
- Garantam um aprofundamento progressivo ao longo do curso;
- Privilegiem o aprofundamento e a ampliação do conhecimento do aluno.

Abordagem por meio de esquemas conceituais:
- Foco em conceitos amplos;
- Conceitos escolhidos que mantêm conexão com várias ciências;
- Cada conceito é desenvolvido em diversos contextos;
- Cada conceito é enriquecido pelas diversas contextualizações.

Abordagem centrada em resoluções de problemas:
- Problemas são propostos para soluções;
- A partir de sua disciplina, cada professor junto com seus alunos fornece dados e fatos para interpretação visando à solução dos problemas propostos.

Abordagem mediada por dilemas reais vividos pela sociedade:
- Perguntas são feitas sobre a conveniência de determinadas decisões políticas ou programáticas;
- A partir de sua disciplina, cada professor junto com seus alunos fornece dados e fatos para interpretação visando à discussão dos dilemas propostos.

Abordagem por áreas do conhecimento:
- Natureza/trabalho;
- Sociedade/trabalho;
- Multiculturalismo/trabalho;
- Linguagens/trabalho;
- Ciência e Tecnologia/Trabalho
- Saúde/trabalho
- Memória/trabalho
- Gênero/trabalho
- Etnicidade/trabalho
- Éticas religiosas/trabalho

Deixa-se de lado, então, a visão exclusiva de formação para o mercado de trabalho para levar em consideração a educação dos sujeitos de forma mais integral. Somente por meio das discussões geradas por professores livres de preconceitos contra os saberes trazidos pelos alunos e dos constantes encontros pedagógicos com todos os sujeitos envolvidos no projeto, inclusive alunos, será possível promover uma reflexão sobre processos sociais, econômicos e políticos que permitam a conquista e a construção da cidadania plena.

4.4 Necessidades de adaptação na EJA

No campo da EJA, muito se fala em *adaptação*, tanto de conteúdos, metodologias e currículos quanto dos próprios professores. A escola, em uma organização geral, busca (ou deveria buscar) constantemente aplicar mudanças para melhorar a qualidade do ensino e adequar sua formação para obter resultados promissores de seus egressos no mercado de trabalho.

Vemos, portanto, na sociedade uma constante padronização das escolas quanto a rotinas, horários, cargas de conteúdo, aplicação de disciplina e demais condutas. Isso leva a escola, na educação básica e, principalmente na etapa do ensino médio, a espelhar o mundo do trabalho.

Para Méndez (2013, p. 51), a EJA depara-se com requisitos do mercado que evocam uma educação formal que favoreça "a formação de sujeitos dotados de multifuncionalidade, adaptabilidade, disciplina e alta produtividade". Dados esses desafios, muitas vezes a modalidade acaba se tornando imediatista e produtivista, focada em formação de mão de obra, contemplando conhecimentos que, muitas vezes, não serão aproveitados pelos sujeitos em suas rotinas diárias atuais ou futuras.

Um dos muitos desafios da EJA, que se reflete no rumo da modalidade e de seus frequentadores, é ponderar sobre a importância que o trabalho assumiu nas sociedades capitalistas, levando em consideração que os atores em sala de aula desejam, ao término da educação básica, ingressar no mercado de trabalho ou melhorar suas condições empregatícias (Méndez, 2013).

Na tentativa de acelerar esse processo, muitos jovens e adultos buscam finalizar seus estudos na modalidade da EJA matriculando-se em cursos técnicos voltados para sua idade, principalmente no Programa Nacional de Integração da Educação Profissional com a Educação Básica na Modalidade de Educação de Jovens e Adultos (Proeja). Para Costa (2013, p. 66),

> Professores, alunos e sindicatos, dentre outros segmentos afins, organizaram movimentos de resistência que propiciaram debates acerca da educação básica como componente fundamental da qualificação profissional dos trabalhadores-alunos, jovens e adultos. Essa reivindicação apontava a necessidade de assegurar de forma concreta a integração e valorização da escolaridade acolhendo a política de educação de jovens e adultos.

O Proeja foi criado inicialmente pelo Decreto n. 5.478, de 24 de junho de 2005 (Brasil, 2005a), e denominado *Programa de Integração da Educação Profissional ao Ensino Médio na Modalidade Educação de Jovens e Adultos*. Seu objetivo era atender à demanda de jovens e adultos por oferta de educação profissionalizante técnica de nível médio, haja vista a grande exclusão que esses indivíduos sofriam nos cursos regulares. Por meio do Decreto n. 5.840, de 13 de julho de 2006 (Brasil, 2006), o programa foi ampliado em termos de abrangência e aprofundado em seus princípios pedagógicos, passando a se chamar *Programa Nacional de Integração da Educação Profissional com a Educação Básica na Modalidade de Educação de Jovens e Adultos*.

Pelo Proeja, jovens e adultos de 18 anos ou mais com o ensino fundamental completo (fase II ou 9º ano) que não puderam concluir o ensino médio dão sequência aos estudos e podem atuar no mercado de trabalho, pois recebem certificação de habilitação técnica na área de estudo cursada após seis semestres. Os artigos a seguir, do Decreto n. 5.840/2006, estabelecem orientações para a instituição do Proeja em âmbito federal:

> Art. 1º Fica instituído, no âmbito federal, o Programa Nacional de Integração da Educação Profissional à Educação Básica na Modalidade de Educação de Jovens e Adultos – PROEJA, conforme as diretrizes estabelecidas neste Decreto.
> § 1º O PROEJA abrangerá os seguintes cursos e programas de educação profissional:
> I – formação inicial e continuada de trabalhadores; e

II – educação profissional técnica de nível médio.

§ 2º Os cursos e programas do PROEJA deverão considerar as características dos jovens e adultos atendidos, e poderão ser articulados:

I – ao ensino fundamental ou ao ensino médio, objetivando a elevação do nível de escolaridade do trabalhador, no caso da formação inicial e continuada de trabalhadores, nos termos do art. 3º, § 2º, do Decreto nº 5.154, de 23 de julho de 2004; e II – ao ensino médio, de forma integrada ou concomitante, nos termos do art. 4º, § 1º, incisos I e II, do Decreto nº 5.154, de 2004.

§ 3º O PROEJA poderá ser adotado pelas instituições públicas dos sistemas de ensino estaduais e municipais e pelas entidades privadas nacionais de serviço social, aprendizagem e formação profissional vinculadas ao sistema sindical ("Sistema S"), sem prejuízo do disposto no § 4º deste artigo.

§ 4º Os cursos e programas do PROEJA deverão ser oferecidos, em qualquer caso, a partir da construção prévia de projeto pedagógico integrado único, inclusive quando envolver articulações interinstitucionais ou intergovernamentais.

§ 5º Para os fins deste Decreto, a rede de instituições federais de educação profissional compreende a Universidade Federal Tecnológica do Paraná, os Centros Federais de Educação Tecnológica, as Escolas Técnicas Federais, as Escolas Agrotécnicas Federais, as Escolas Técnicas Vinculadas às Universidades Federais e o Colégio Pedro II, sem prejuízo de outras instituições que venham a ser criadas.

Art. 2º As instituições federais de educação profissional deverão implantar cursos e programas regulares do PROEJA até o ano de 2007.

§ 1º As instituições referidas no *caput* disponibilizarão ao PROEJA, em 2006, no mínimo dez por cento do total das vagas de ingresso da instituição, tomando como referência o quantitativo de matrículas do ano anterior, ampliando essa oferta a partir do ano de 2007.

§ 2º A ampliação da oferta de que trata o § 1º deverá estar incluída no plano de desenvolvimento institucional da instituição federal de ensino.

Art. 3º Os cursos do PROEJA, destinados à formação inicial e continuada de trabalhadores, deverão contar com carga horária mínima de mil e quatrocentas horas, assegurando-se cumulativamente:

I – a destinação de, no mínimo, mil e duzentas horas para formação geral; e

II – a destinação de, no mínimo, duzentas horas para a formação profissional.

Art. 4º Os cursos de educação profissional técnica de nível médio do PROEJA deverão contar com carga horária mínima de duas mil e quatrocentas horas, assegurando-se cumulativamente:

I – a destinação de, no mínimo, mil e duzentas horas para a formação geral;

II – a carga horária mínima estabelecida para a respectiva habilitação profissional técnica; e

III – a observância às diretrizes curriculares nacionais e demais atos normativos do Conselho Nacional de Educação para a educação profissional técnica de nível médio, para o ensino fundamental, para o ensino médio e para a educação de jovens e adultos.

Art. 5º As instituições de ensino ofertantes de cursos e programas do PROEJA serão responsáveis pela estruturação dos cursos oferecidos e pela expedição de certificados e diplomas.

Parágrafo único. As áreas profissionais escolhidas para a estruturação dos cursos serão, preferencialmente, as que maior sintonia guardarem com as demandas de nível local e regional, de forma a contribuir com o fortalecimento das estratégias de desenvolvimento socioeconômico e cultural.

Art. 6º O aluno que demonstrar a qualquer tempo aproveitamento no curso de educação profissional técnica de nível médio, no âmbito do PROEJA, fará jus à obtenção do correspondente diploma, com validade nacional, tanto para fins de habilitação na respectiva área profissional, quanto para atestar a conclusão do ensino médio, possibilitando o prosseguimento de estudos em nível superior.

Parágrafo único. Todos os cursos e programas do PROEJA devem prever a possibilidade de conclusão, a qualquer tempo, desde que demonstrado aproveitamento e atingidos os objetivos desse nível de ensino, mediante avaliação e reconhecimento por parte da respectiva instituição de ensino.

Art. 7º As instituições ofertantes de cursos e programas do PROEJA poderão aferir e reconhecer, mediante avaliação individual, conhecimentos e habilidades obtidos em processos formativos extraescolares.

Art. 8º Os diplomas de cursos técnicos de nível médio desenvolvidos no âmbito do PROEJA terão validade nacional, conforme a legislação aplicável.

Art. 9º O acompanhamento e o controle social da implementação nacional do PROEJA será exercido por comitê nacional, com função consultiva.

Parágrafo único. A composição, as atribuições e o regimento do comitê de que trata o *caput* deste artigo serão definidos conjuntamente pelos Ministérios da Educação e do Trabalho e Emprego.

Art. 10. (Revogado pelo Decreto nº 10.086, de 2019) (Vigência)

Art. 11. Fica revogado o Decreto no 5.478, de 24 de junho de 2005.

Art. 12. Este Decreto entra em vigor na data de sua publicação. (Brasil, 2006)

Tendo em vista as bases definidas no decreto, a modalidade em questão contempla em sua estrutura cursos de educação profissional técnica integrada ao ensino médio, educação profissional técnica concomitante ao ensino médio e qualificação profissional, incluindo a formação inicial e continuada integrada e concomitante ao ensino fundamental e ao ensino médio.

Para saber mais

BRASIL. Ministério da Educação. Secretaria de Educação Profissional e Tecnológica. **Proeja**: Programa Nacional de Integração da Educação Profissional com a Educação Básica na Modalidade de Educação de Jovens e Adultos. Brasília, 2007. Disponível em: <http://portal.mec.gov.br/setec/arquivos/pdf2/proeja_medio.pdf>. Acesso em: 1º fev. 2021.

Sugerimos a leitura do o documento-base do Proeja, elaborado na vigência do Decreto n. 5.478/2005, ou seja, do programa ainda restrito à articulação da educação profissional e tecnológica (FPT) ao ensino médio.

Outros programas instituídos também oferecem atendimento ao público da EJA, como o Programa Nacional Mulheres Mil, o Programa Nacional de Inclusão de Jovens (Projovem Urbano) e a Rede Nacional de Certificação Profissional e Formação Inicial e Continuada (Rede Certific).

Para saber mais

BRASIL. Ministério da Educação. **Programa Nacional Mulheres Mil**. Disponível em: <http://portal.mec.gov.br/programa-mulheres-mil>. Acesso em: 1º fev. 2021.

Nessa página do MEC, você encontra mais informações sobre o Programa Nacional Mulheres Mil.

BRASIL. Ministério da Educação. **Projovem Urbano**. Disponível em: <http://portal.mec.gov.br/secretaria-de-regulacao-e-supervisao-da-educacao-superior-seres/instituicoes-comunitarias/194-secretarias-112877938/secad-educacao-continuada-223369541/17462-projovem-urbano-novo>. Acesso em: 1º fev. 2021.

Nessa página, é possível obter mais informações sobre o programa Projovem Urbano.

Para Costa (2013), na modalidade da EJA, a discussão acerca do mundo do trabalho tem sido deixada em segundo plano, mas é de suma importância inseri-la no debate de programas e projetos, governamentais ou não, que reconheçam a formação do sujeito da EJA para o mundo do trabalho de forma integral.

Síntese

Neste capítulo, vimos que, no Brasil, historicamente, a educação popular ocorreu por meio da ação de movimentos sociais que, insatisfeitos com alguns critérios dos modelos existentes de educação, buscam na prática em comunidade e de acordo com as realidades vividas fomentar outros métodos de práticas educacionais mais acessíveis. Nesse contexto, a EJA e a educação popular apresentam as mesmas origens, preocupações e ações iniciais, com a diferença de que a primeira é uma modalidade educativa oficial.

Observamos a importância dos conceitos do mundo do trabalho voltados para a EJA e a necessidade constante de adaptação de metodologias e currículos para as tomadas de ação adequadas a essa modalidade e ao público que se pretende atingir. Nesse contexto, ao atuar com alunos que, na maioria das vezes, já se encontram inseridos no mercado de trabalho (os chamados trabalhadores-estudantes) e encontram na educação e na continuidade dos estudos o vislumbre de uma melhora de condições e de enquadramento profissional, é preciso considerar as vivências e os saberes trazidos por eles para a sala de aula. Com base nesses conhecimentos, isentos de julgamentos e preconceitos, os educadores devem criar temas geradores para as discussões em sala de aula, as atividades e as propostas curriculares.

A concepção da EJA voltada ao mundo do trabalho envolve transmitir saberes instrumentais não apenas para auxiliar na conquista de emprego, mas também para ajudar o aluno a refletir sobre os fundamentos que condicionam a existência do sujeito de forma individual e coletiva, de modo a esclarecer a realidade em que ele se encontra para que desenvolva uma consciência crítica. Essa consciência deve ser fomentada mediante a aplicação de metodologias e de um currículo integrado que promovam a autonomia desse sujeito.

Por fim, destacamos que adaptações são necessárias para que os egressos da EJA tenham sucesso no mercado de trabalho. Muitos buscam no ensino profissionalizante a chance de se especializarem e atingirem seus objetivos por meio do Proeja. Esse programa atende a estudantes de 18 anos ou mais que já concluíram o ensino fundamental e permite que eles deem continuidade aos estudos enquanto atuam no mercado de trabalho, recebendo uma certificação de habilitação técnica na área de interesse.

Em suma, as discussões sobre mercado de trabalho e EJA são constantes e devem acontecer em âmbito escolar e social para que as adaptações e as mudanças necessárias sejam estabelecidas a fim de otimizar os processos de educação e de autonomia propostos para essa modalidade de ensino.

Atividades de autoavaliação

1. No que se refere às relações entre a EJA e o mundo do trabalho, analise as afirmações a seguir e marque V para as verdadeiras e F para as falsas.
    ( ) O ensino na EJA deve ser voltado à instrumentalização técnica, sem preocupações com a formação crítica dos sujeitos.

( ) O trabalho deve ser o elemento central na preparação de metodologias e currículos voltados para a EJA.
( ) A possibilidade de utilização de temas geradores voltados ao trabalho é muito baixa, pois os frequentadores da EJA encontram-se desempregados e à margem da sociedade.
( ) É importante considerar as experiências trazidas pelos alunos e questioná-los sobre suas necessidades voltadas ao trabalho.

Assinale a alternativa que corresponde à sequência correta:

a) V, F, V, V.
b) F, V, F, V.
c) F, F, V, V.
d) V, F, F, V.
e) F, F, F, V.

2. Tendo a EJA um papel democratizante e transformador na educação em relação ao mundo do trabalho, podemos considerar que:
   I. seu papel não é o de apenas transmitir uma carga elevada de conteúdos (saberes instrumentais) para justificar o auxílio na conquista de emprego.
   II. ela permite a reflexão dos fundamentos de condições de existência do indivíduo em sociedade.
   III. ela desenvolve uma consciência crítica para o esclarecimento da realidade vivida.

Assinale a alternativa que apresenta as proposições corretas:

a) I, apenas.
b) I e II.

c) II e III.
d) I, II e III.
e) II, apenas.

3. De acordo com o Parecer CNE/CEB n. 11/2000, as instituições de EJA devem se preocupar com as relações que envolvem o mundo do trabalho, uma vez que este representa o contexto mais importante da experiência curricular para essa modalidade. Assinale a alternativa que apresenta uma aplicação que visa atender a essa demanda:
   a) O professor obedece à programação de conteúdos, sem realizar adaptações e/ou mudanças de estratégias.
   b) Nas aulas de Química, o professor realiza atividades práticas experimentais com foco apenas na reprodução de resultados já mostrados, sem analisá-los.
   c) Na aula de Produção de Texto, o professor propõe para a turma a elaboração de currículos de experiência.
   d) Nas aulas de Física, o professor busca transmitir fórmulas e aplicar cálculos para a resolução das questões propostas no livro didático.
   e) Nenhuma das alternativas anteriores.

4. De acordo com o Decreto n. 5.840/2006, os cursos disponibilizados pelo Proeja devem atender à formação:
   a) voltada para o ensino fundamental, apenas.
   b) inicial e continuada de trabalhadores e à educação profissional técnica de nível médio.
   c) continuada e técnica de trabalhadores.
   d) inicial e continuada de trabalhadores, apenas.
   e) voltada ao ensino superior.

5. Analise a afirmação a seguir:

   A educação popular pode ser definida como uma modalidade não institucionalizada caracterizada por _____ que acontecem em meio a um contexto de colaboração de _____ em diferentes meios, indo contra um modelo educacional _____.

   A alternativa que preenche corretamente as lacunas é:
   a) práticas educativas; órgãos governamentais; vigente.
   b) grupos populares; práticas educativas; opressor.
   c) práticas educativas; grupos populares; dominante.
   d) metodologias; grupos populares; para minorias.
   e) metodologias; grupos populares; para maiorias.

Atividades de aprendizagem

Questões para reflexão

1. Considerando que a EJA possibilita a utilização do trabalho como um tema gerador de discussões em sala de aula, dados os perfis etário e socioeconômico heterogêneos apresentados por seus participantes, estabeleça relações entre as questões geracionais (próprias de cada geração) e as possibilidades de trabalho.

2. Tendo em vista a reflexão proposta para o ensino de Química e assumindo uma abordagem curricular em que relacionamos a ciência e a tecnologia com o trabalho, que metodologias poderiam ser utilizadas em sala de aula para abordar essa questão?

Atividade aplicada: prática

1. Verifique a possibilidade de participar das aulas em uma turma de EJA e, em conjunto com o professor, questione os alunos sobre qual trabalho exercem (formal, informal, atividades não remuneradas ou sem trabalho no momento) e a quem é destinado (aspectos como público-alvo, benefícios gerados à comunidade e à sociedade). Converse com os alunos a respeito de quais são suas ambições e desejos e sobre o que vislumbram ao terminar o curso. Por fim, trace um perfil dos estudantes.

Capítulo 5

Tendências atuais da educação de jovens e adultos

Com as diversas mudanças sofridas atualmente, a educação, de modo geral – principalmente, a formação de jovens e adultos (EJA) –, precisa se reorganizar constantemente. Ainda que em um terreno instável e nebuloso, o educador deve ter a consciência do processo de ensino e aprendizagem realizado em sala de aula, tendo como bases os currículos a serem trabalhados e o público que se pretende alcançar. Nesse cenário, a EJA é muito rica em perspectivas e sujeitos, motivo pelo qual não pode ser simplesmente massificada.

Neste capítulo, vamos refletir sobre a necessidade de pensar nos processos de ensino e aprendizagem e de avaliação a fim de valorizar a emancipação do sujeito da EJA.

5.1 Processo de ensino e aprendizagem na EJA

Para compreender as relações entre os processos que caracterizam o ensino e a aprendizagem na EJA, é preciso levar em consideração os motivos que levaram o aluno a retomar seus estudos. Além de procurar adquirir e absorver conhecimentos extras, muitos sujeitos voltam às salas de aula e buscam conhecimentos na esperança de mudar de vida, de melhorar sua atual situação financeira, empregatícia e familiar por meio da prática, como afirma Freire (1987).

Nesse sentido, muitos trazem para a realidade escolar seus problemas pessoais, familiares e profissionais que, claramente, auxiliam na construção de barreiras para a real aprendizagem, o que faz com que passem a ver a escola como uma etapa intransponível de sua vida ou uma fase de sofrimento e frustração. Como observam Paiva e Xavier (2014, p. 1-2),

> Frequentemente, esse sujeito vem à escola com uma carga de problemas que já negativam a sua aprendizagem. Então, encontra também na sala de aula fatores que o deixam reprimido, como a mecanização e a repetição das aulas; tendo como consequência, a falta de estímulo e a sensação de incapacidade.

A escola e, por consequência, os professores têm o dever de planejar suas ações para construir um ambiente satisfatório de aprendizagem para o aluno, pois é por meio da educação e da instituição que os sujeitos buscam a realização pessoal (Menegolla; Sant'Anna, 2001). No caso da EJA, procura-se alcançar também o desenvolvimento cultural, cognitivo e tecnológico para a adequação ao mercado de trabalho, o crescimento profissional, as condições de ação cidadã e o enfrentamento de futuros desafios.

O papel do professor, como mediador de todo esse processo, é fundamental, pois ele precisa instigar constantemente o interesse e dar significado às aulas para assim fazer com que os alunos, em seus papéis autônomos, sintam-se incluídos em todo o transcurso. O professor deve ter um olhar diferenciado e sensível aos atores da EJA e considerar as diferentes trajetórias, as experiências adquiridas até então e o choque que os alunos sentem ao se depararem com realidades com as quais nunca tiveram contato, pois isso significará a aprendizagem deles. Como explica Sousa (2018), o docente deve buscar "atar os dois paralelos: o do ensino e aprendizagem e a vida de cada educando. A ele cabe fazer com que esses paralelos se encontrem, se absorvam e se expandam".

Ainda no que diz respeito às estratégias de ensino e à postura do professor, é comum ouvir, em ambientes de convívio como a sala dos professores ou os encontros pedagógicos, educadores que comentam que os alunos da EJA têm pouco conhecimento de conteúdos anteriores, o que gera dificuldade de acompanhamento das séries futuras. Os docentes costumam relatar que esses alunos apresentam postura desinteressada em sala de aula, além de preconceitos e generalizações. Contudo, permanece a dúvida: Foi levada em consideração a trajetória do aluno para o estabelecimento da didática do professor e a escolha das estratégias para trabalhar em sala de aula?

As aulas monótonas, mecanizadas e repetitivas no decorrer da caminhada acadêmica da EJA e a falta de contextualização com a real necessidade apresentada pelos alunos são consideradas razões da falta de estímulo, da incapacidade de aprender e da evasão escolar. Por meio do diálogo entre educador e educando, "o professor necessita mobilizar os saberes da formação e os saberes da prática educativa para que trace objetivos e reúna estratégias, pensando na diversidade do grupo e nas especificidades de cada aluno" (Paiva; Xavier, 2014, p. 4), estabelecendo uma via de mão dupla, como já mencionava Freire (1987).

A aprendizagem precisa inter-relacionar fatores e aspectos orgânicos, cognitivos, afetivos, sociais e pedagógicos, para que ocorra de forma efetiva e inclusiva. Tendo em vista que os desejos dos alunos, ao retomarem seus estudos por meio da EJA, de forma presencial ou a distância, são adquirir uma consciência crítica – mesmo que por vezes já apresentem visões moldadas por experiências passadas –, buscar uma identidade para si dentro do ambiente escolar e, por meio da autonomia, da inclusão e da socialização, conquistar espaços que lhes foram negados pela falta de escolarização e erudição, a relação ensino-aprendizagem vai muito além de construir conhecimentos. Dessa forma, podemos afirmar que se trata da reestruturação de saberes com base naquilo que os alunos já trazem em suas bagagens e já sabem por meio de suas experiências.

Para Sousa (2018), o processo educacional na EJA

> requer todo o cuidado em estabelecer um contato saudável, onde o aluno sinta que da mesma forma que ele aprende com o professor, o professor também aprende com ele, com suas experiências. Há uma troca de saberes fazendo com que o aluno que ali está é [sic] mais do que um receptor, ele também se torna um transmissor a partir de sua história de vida. E desse modo, todos aprendem uns com os outros, fazendo das aulas um aprendizado de vida.

Atualmente, a EJA está presente em diversas modalidades de ensino e aprendizagem, configurando modos e ambientes de oferta presenciais, não presenciais e semipresenciais.

Para saber mais

TV CÂMARA SÃO PAULO. **Métodos de ensino devem se adequar a rotina de estudantes do EJA**. 22 fev. 2018. Disponível em: <https://www.youtube.com/watch?v=rFYlCtLuwsc>. Acesso em: 8 fev. 2021.

Essa reportagem da TV Câmara São Paulo relata que quase 25 milhões de brasileiros entre 14 e 29 anos estão fora da escola, mostra como a EJA pode ajudar a melhorar essa realidade e aponta a necessidade de adequar os métodos de ensino à rotina dos estudantes.

Ainda hoje, a **modalidade presencial** é a mais difundida e, sob duras críticas e visões estereotipadas, ocorre com a obrigatoriedade de encontros físicos para a validação do currículo a ser seguido e o desenvolvimento do curso exclusivamente em ambiente de sala de aula. As críticas a essa modalidade são diversas, principalmente pelo fato de as aulas não atraírem e não conquistarem os alunos, conforme vimos anteriormente, por se caracterizarem pela monotonia, pelo excesso de conteúdos e por outros fatores que geram desinteresses. Muitas vezes, os próprios professores não se sentem motivados a trabalhar com essas turmas, tendo em vista as restrições de recursos didáticos e as condições das salas de aula.

A **modalidade não presencial**, também conhecida como *e-learning*, vem ganhando força e vencendo muitos preconceitos, especialmente pelo viés da democratização do acesso à educação. Essa modalidade permite acessar os conteúdos a qualquer hora e em qualquer lugar, além de possibilitar a realização de atividades simultâneas por meio de um aparelho conectado à internet. Pode ocorrer na forma de **imersão total** (que promove a independência do aluno em relação à aprendizagem, pois ele conta com o apoio de polos presenciais para avaliações, solução de problemas e defesa de trabalhos) ou **imersão parcial** (que consiste em um modo de aprendizagem mista) (Munhoz, 2017).

Diversas instituições de ensino trabalham com a **modalidade semipresencial**, em que a carga horária do curso é dividida entre momentos virtuais e momentos presenciais. Muito procurada pelo fato de ser mais acessível economicamente e pela aplicação de novas tecnologias, também é conhecida como ***blended learning*** (*b-learning*, ou aprendizagem híbrida/mista) e abrange um conjunto de metodologias para promover a aprendizagem com a mediação das tecnologias digitais.

Para saber mais

TV CPP. **Lilian Bacich fala sobre ensino híbrido**. 4 nov. 2016. Disponível em: <https://www.youtube.com/watch?v=VFk_EFMWv10>. Acesso em: 1º fev. 2021.

Nessa entrevista, a professora Lilian Bacich fala sobre o ensino híbrido, suas implicações na educação e os impactos na evolução funcional do professor.

A combinação dos momentos *on-line* e *off-line* permite aos professores encontrar alternativas para a solução de problemas ou diminuir as dificuldades de ensinar em grupos heterogêneos, como são os de EJA. Portanto, a flexibilidade, a rapidez de disponibilização de fontes de conhecimento e as possibilidades de personalização são alguns dos benefícios que a aprendizagem híbrida pode oferecer, desde que essa metodologia seja definida com base em objetivos que visem à aprendizagem do aluno.

Munhoz (2017, p. 76, grifo do original) divide essa modalidade em dois subgrupos distintos:

- **Presença conectada** – Utilizada na sequência da educação por correspondência, como resultado direto da evolução tecnológica [...]. A modalidade recebeu esse nome em razão da sincronia exigida dos alunos com o contato a distância. A interatividade é limitada e pode-se contar ou não com o apoio de tutores, que, quando presentes, captam as perguntas e transmitem as mais pertinentes ao professor especialista que se encontra no estúdio central. É ainda utilizado, mas a tendência é que, aos poucos, esse formato vá perdendo forças, em virtude da evolução tecnológica e do aumento da demanda por formação permanente e continuada.
- **B-learning** – Também conhecida como *aprendizagem mista*, essa abordagem configura [...] ambientes considerados semipresenciais. Eles são chamados ainda de *ambientes híbridos*, visto que parte do ensino tradicional, oferecido face a face, é substituído por momentos não presenciais, nos quais o aluno desenvolve seus estudos de forma independente (uma das aplicações mais recentes são as salas de aula invertidas).

Em razão da crescente oferta de modalidades diferenciadas para a EJA e do interesse das novas gerações pelas tecnologias, novas metodologias começam a ser inseridas no contexto escolar e cresce a necessidade de aceitação, adaptação e compreensão por parte dos professores, da equipe pedagógica e dos demais membros da comunidade escolar em relação às novas formas de ensinar jovens e adultos de acordo com o modo de aprendizagem desses atores da educação.

5.2 O currículo da EJA

Ao trabalharmos com o currículo escolar a ser estudado, deparamo-nos com uma série de concepções diferenciadas. O currículo é tratado ora como um conjunto de conhecimentos organizados e sistematizados, ora como um conjunto de experiências propostas pela escola (Oliveira, 2015). No entanto, devemos ter ciência de que essas concepções podem ser aceitas ou negadas pelos alunos, tendo em vista as relações de poder e as hierarquias implícitas em suas famílias e na sociedade em geral.

Oliveira (2015, p. 59) observa que "o currículo oficial ao lado do real e do oculto se mesclam no espaço escolar, num processo social de conflitos e lutas, que envolve controle, poder, interesses, conhecimentos científicos, crenças, visões sociais e resistências".

De acordo com o Conselho Nacional de Educação (CNE) e a Câmara de Educação Básica (CEB), por meio do Parecer CNE/CEB n. 11, de 10 de maio de 2000 (Brasil, 2000b, p. 60-61),

> sendo a EJA uma modalidade da educação básica no interior das etapas fundamental e média, é lógico que deve se pautar pelos mesmos princípios postos na LDB [Lei de Diretrizes e Bases]. E no que se refere aos componentes curriculares dos seus cursos, ela toma para si as diretrizes curriculares

nacionais destas mesmas etapas exaradas pela CEB/CNE. Valem, pois, para a EJA as diretrizes do ensino fundamental e médio. A elaboração de outras diretrizes poderia se configurar na criação de uma nova dualidade.

Contudo, este caráter lógico não significa uma igualdade direta quando pensada à luz da dinâmica sociocultural das fases da vida. É neste momento em que a faixa etária, respondendo a uma alteridade específica, se torna uma mediação significativa para a ressignificação das diretrizes comuns assinaladas.

Em 2002, a Coordenação Geral de Educação de Jovens e Adultos (Coeja) elaborou a proposta curricular para os segmentos da EJA. Essa iniciativa pretendeu atender à grande demanda de dirigentes e professores de diversas regiões do país, porém estava voltada aos anos iniciais da educação (até o ensino fundamental II). Essa proposta baseia-se na Resolução CNE/CEB n. 1, de 5 de julho de 2000 (Brasil, 2000c), e no Parecer CNE/CEB n. 11/2000, que estabelecem as Diretrizes Curriculares Nacionais para a EJA, cuja finalidade é subsidiar o processo de reorientação curricular nas secretarias estaduais e municipais de educação, bem como nas instituições e nas escolas que atendem à EJA.

As delimitações do currículo, tanto para o ensino regular na educação básica quanto para outras modalidades, como a EJA, ainda são um pouco nebulosas, principalmente com as recentes aprovações da Base Nacional Comum Curricular (BNCC). O documento, aprovado recentemente, não deixa claro como se deve trabalhar com a EJA em termos de organização curricular. Portanto, ao refletir sobre o currículo da EJA, em vez de pensar nos conteúdos que serão abordados, deve-se refletir sobre as formas de trabalhar com eles (Oliveira, 2007), pois o currículo da EJA é um recorte do que é considerado essencial para estudar, aprender ou conhecer em um tempo extremamente reduzido na escola.

As discussões curriculares assumem contornos muito particulares conforme as regiões, os estados e os municípios e, tendo em vista as recentes mudanças na Lei de Diretrizes e Bases (LDB), em função da Lei n. 13.415, de 16 de fevereiro de 2017 (Brasil, 2017a), que substituiu o modelo único de currículo do ensino médio por um modelo diversificado e flexível, criam um cenário conturbado para a interpretação do que é necessário para a EJA.

De acordo com a BNCC (Brasil, 2018b, p. 468, 475-478, grifo do original) correspondente à etapa do ensino médio,

> Na direção de substituir o modelo único de currículo do Ensino Médio por um modelo diversificado e flexível, a Lei nº 13.415/2017 alterou a LDB, estabelecendo que
>
>> **O currículo do ensino médio** será composto pela **Base Nacional Comum Curricular e por itinerários formativos**, que deverão ser organizados por meio da oferta de diferentes arranjos curriculares, conforme a relevância para o contexto local e a possibilidade dos sistemas de ensino, a saber:
>> I – linguagens e suas tecnologias;
>> II – matemática e suas tecnologias;
>> III – ciências da natureza e suas tecnologias;
>> IV – ciências humanas e sociais aplicadas;

V – formação técnica e profissional (LDB, Art. 36; ênfases adicionadas).

[...]

Nesse contexto, é necessário **reorientar currículos e propostas pedagógicas** – compostos, indissociavelmente, por **formação geral básica** e **itinerário formativo** (Resolução CNE/CEB nº 3/2018, Art. 10). Nesse processo de reorientação curricular, é imprescindível aos sistemas de ensino, às redes escolares e às escolas:

- orientar-se pelas competências gerais da Educação Básica e assegurar as competências específicas de área e as habilidades definidas na BNCC do Ensino Médio em até 1 800 horas do total da carga horária da etapa, o que constitui a formação geral básica, nos termos do Artigo 11 da Resolução CNE/CEB nº 3/2018;
- orientar-se pelas competências gerais da Educação Básica para organizar e propor itinerários formativos (Resolução CNE/CEB nº 3/2018, Art. 12), considerando também as competências específicas de área e habilidades no caso dos itinerários formativos relativos às áreas do conhecimento.

Assim, na **formação geral básica**, os currículos e as propostas pedagógicas devem garantir as aprendizagens essenciais definidas na BNCC. Conforme as DCNEM/2018, devem contemplar, sem prejuízo da integração e articulação das diferentes áreas do conhecimento, estudos e práticas de:

I – língua portuguesa, assegurada às comunidades indígenas, também, a utilização das respectivas línguas maternas;

II – matemática;

III – conhecimento do mundo físico e natural e da realidade social e política, especialmente do Brasil;
IV – arte, especialmente em suas expressões regionais, desenvolvendo as linguagens das artes visuais, da dança, da música e do teatro;
V – educação física, com prática facultativa ao estudante nos casos previstos em Lei;
VI – história do Brasil e do mundo, levando em conta as contribuições das diferentes culturas e etnias para a formação do povo brasileiro, especialmente das matrizes indígena, africana e europeia;
VII – história e cultura afro-brasileira e indígena, em especial nos estudos de arte e de literatura e história brasileiras;
VIII – sociologia e filosofia;
IX – língua inglesa, podendo ser oferecidas outras línguas estrangeiras, em caráter optativo, preferencialmente o espanhol, de acordo com a disponibilidade da instituição ou rede de ensino (Resolução CNE/CEB nº 3/2018, Art. 11, § 4º).

Os **itinerários formativos** – estratégicos para a flexibilização da organização curricular do Ensino Médio, pois possibilitam opções de escolha aos estudantes – podem ser estruturados com foco em uma área do conhecimento, na formação técnica e profissional ou, também, na mobilização de competências e habilidades de diferentes áreas, compondo **itinerários integrados,** nos seguintes termos das DCNEM/2018:

I – linguagens e suas tecnologias: aprofundamento de conhecimentos estruturantes para aplicação de diferentes linguagens em contextos sociais e de trabalho, estruturando arranjos curriculares que permitam estudos em línguas vernáculas, estrangeiras, clássicas e indígenas, Língua Brasileira de Sinais (LIBRAS), das artes, *design*, linguagens digitais, corporeidade, artes cênicas, roteiros, produções literárias, dentre outros, considerando o contexto local e as possibilidades de oferta pelos sistemas de ensino;

II – matemática e suas tecnologias: aprofundamento de conhecimentos estruturantes para aplicação de diferentes conceitos matemáticos em contextos sociais e de trabalho, estruturando arranjos curriculares que permitam estudos em resolução de problemas e análises complexas, funcionais e não lineares, análise de dados estatísticos e probabilidade, geometria e topologia, robótica, automação, inteligência artificial, programação, jogos digitais, sistemas dinâmicos, dentre outros, considerando o contexto local e as possibilidades de oferta pelos sistemas de ensino;

III – ciências da natureza e suas tecnologias: aprofundamento de conhecimentos estruturantes para aplicação de diferentes conceitos em contextos sociais e de trabalho, organizando arranjos curriculares que permitam estudos em astronomia, metrologia, física geral, clássica, molecular, quântica e mecânica, instrumentação, ótica, acústica, química dos produtos naturais, análise de fenômenos físicos e químicos, meteorologia e climatologia, microbiologia, imunologia e parasitologia, ecologia, nutrição, zoologia, dentre outros, considerando o contexto local e as possibilidades de oferta pelos sistemas de ensino;

IV – ciências humanas e sociais aplicadas: aprofundamento de conhecimentos estruturantes para aplicação de diferentes conceitos em contextos sociais e de trabalho, estruturando arranjos curriculares que permitam estudos em relações sociais, modelos econômicos, processos políticos, pluralidade cultural, historicidade do universo, do homem e natureza, dentre outros, considerando o contexto local e as possibilidades de oferta pelos sistemas de ensino;

V – formação técnica e profissional: desenvolvimento de programas educacionais inovadores e atualizados que promovam efetivamente a qualificação profissional dos estudantes para o mundo do trabalho, objetivando sua habilitação profissional tanto para o desenvolvimento de vida e carreira quanto para adaptar-se às novas condições ocupacionais e às exigências do mundo do trabalho contemporâneo e suas contínuas transformações, em condições de competitividade, produtividade e inovação, considerando o contexto local e as possibilidades de oferta pelos sistemas de ensino (Resolução CNE/CEB nº 3/2018, Art. 12).

Assim, a oferta de diferentes itinerários formativos pelas escolas deve considerar a realidade local, os anseios da comunidade escolar e os recursos físicos, materiais e humanos das redes e instituições escolares de forma a propiciar aos estudantes possibilidades efetivas para construir e desenvolver seus projetos de vida e se integrar de forma consciente e autônoma na vida cidadã e no mundo do trabalho. Para tanto, os itinerários devem garantir a apropriação de procedimentos cognitivos e o uso de metodologias que favoreçam o protagonismo juvenil, e organizar-se em torno de um ou mais dos seguintes eixos estruturantes:

> I – investigação científica: supõe o aprofundamento de conceitos fundantes das ciências para a interpretação de ideias, fenômenos e processos para serem utilizados em procedimentos de investigação voltados ao enfrentamento de situações cotidianas e demandas locais e coletivas, e a proposição de intervenções que considerem o desenvolvimento local e a melhoria da qualidade de vida da comunidade;
> II – processos criativos: supõem o uso e o aprofundamento do conhecimento científico na construção e criação de experimentos, modelos, protótipos para a criação de processos ou produtos que atendam a demandas para a resolução de problemas identificados na sociedade;
> III – mediação e intervenção sociocultural: supõem a mobilização de conhecimentos de uma ou mais áreas para mediar conflitos, promover entendimento e implementar soluções para questões e problemas identificados na comunidade;
> IV – empreendedorismo: supõe a mobilização de conhecimentos de diferentes áreas para a formação de organizações com variadas missões voltadas ao desenvolvimento de produtos ou prestação de serviços inovadores com o uso das tecnologias (Resolução CNE/CEB nº 3/2018, Art. 12, § 2º).

Tendo em vista o conjunto de aprendizagens em questão, é preciso garantir aos alunos formação de qualidade e atendimento a suas demandas atuais e futuras, bem como manter um diálogo constante com as diversas realidades locais e os cenários nacionais e internacionais, assegurando-lhes a capacidade de exercer plenamente a cidadania e questionar posicionamentos diferentes.

Assim, a flexibilização para a adoção de uma organização curricular é princípio obrigatório, pois "romper com a centralidade das disciplinas nos currículos e substituí-las por aspectos mais globalizadores e que abranjam a complexidade das relações existentes entre os ramos da ciência no mundo real" (Brasil, 2012) fará com que o protagonismo dos alunos seja estimulado.

Como mencionado anteriormente, o documento não apresenta orientações específicas sobre a modalidade da EJA. De acordo com Maria Helena Guimarães, ex-secretária-executiva do Ministério da Educação (MEC), a nova base não contempla especificidades para a EJA a fim de não estigmatizar o público, pois este, na LDB, está incluído na educação regular (Falta…, 2017).

A especificidade da EJA traz à tona discussões muito importantes sobre qual currículo adotar e como fazê-lo, pois ele pode ser a causa de evasão nas turmas da modalidade, seja pelo extenso horário das aulas, seja pelo modelo seguido por parte do professor. Alguns estados e municípios têm publicado as próprias propostas curriculares para a EJA, como o Distrito Federal, o Paraná, o Rio de Janeiro, Tocantins, Rondônia e Alagoas, que têm currículos específicos (Falta…, 2017).

Para saber mais

BARCELOS, V.; DANTAS, T. R. (Org.). **Políticas e práticas na educação de jovens e adultos**. Petrópolis: Vozes, 2015.

Nessa obra, você encontra mais informações sobre a relação entre políticas públicas, cultura e currículo para embasar uma análise crítica na EJA.

Independentemente da região, considerando-se o panorama nacional, a postura do professor em relação ao currículo muitas vezes é particular, pois ele precisa discutir as definições do currículo dentro das próprias escolas. Grande parte da preocupação é voltada, nesse sentido, aos objetivos de conectar os conteúdos com o cotidiano do aluno e oferecer uma adequação ao público.

Sabemos que temas específicos ganham importância na sociedade conforme as discussões surgem. Assim, Oliveira (2007) sugere que sejam trabalhados conteúdos aparentemente abstratos com uma abordagem mais concreta e que a escola tenha em vista a necessidade de aprendizagem do aluno, de modo a facilitar os processos pedagógicos.

5.3 A avaliação na EJA

Professores atuantes ou em formação devem saber que a avaliação não deve ter caráter punitivo, como é percebido em algumas falas do cotidiano da sala de aula: "Estude isso, senão vai zerar a prova!", "Se não for bem na prova, vai ficar de castigo!" e diversas outras que a família ou os responsáveis lançam aos alunos com o intuito de incentivá-los, acabando, porém, como consequência, por desestimulá-los e fomentando uma cultura de "estudar para a prova", e não para a vida.

Segundo Luckesi (2011), o ato de avaliar a aprendizagem na escola é um meio de tornar os processos de ensinar e de aprender produtivos e satisfatórios. Ao analisarmos a questão da avaliação, em qualquer modalidade de ensino, precisamos construir uma análise crítica a respeito de práticas abusivas, como as citadas anteriormente, que, de modo amplo, contribuem para que o fracasso escolar seja visto pelo aluno como um fracasso pessoal, fazendo da experiência algo que não é satisfatório nem compensador.

Na modalidade da EJA, mais do que em todas as outras, trabalha-se com um grupo que precisa se sentir acolhido novamente na escola, resgatado e valorizado por seus feitos e suas conquistas. Aplicar uma avaliação meramente conteudista e não contextualizada com a realidade da turma não agrega conhecimento prático e, como relatado por diversos professores atuantes, pode levar à desistência e à evasão da sala de aula. Logo, vemos a necessidade do diálogo e da negociação, mediada pelo professor, para que se definam finalidades, objetivos, condições e consequências dos processos avaliativos. Saber o papel da avaliação no desenvolvimento de competências para o exercício da cidadania e como incorporá-la à heterogeneidade presente em turmas de EJA para a valorização dos diversos saberes é um grande desafio a ser vencido.

De acordo com a *Proposta curricular para a educação de jovens e adultos* (Brasil, 2002b, p. 108),

> Aos poucos, a ideia de avaliar como prática para medir resultados vem sendo abandonada, em prol de outra ideia que a considera como prática de análise do processo e identificação de obstáculos à aprendizagem. Isso se deve à forte influência da perspectiva socioconstrutivista, que preconiza a aprendizagem como uma construção do sujeito, para a qual concorrem, em igual nível de importância, os conhecimentos prévios sobre o que se está aprendendo, a compreensão da proposta apresentada e as estratégias mobilizadas para resolvê-la.

Com base nessa influência socioconstrutivista, surgem conceitos como o de **avaliação formativa**, inicialmente proposta pelo filósofo australiano Michael Scriven (1928-), em 1967, como um procedimento a ser utilizado para a melhoria do desempenho, ainda que sob o poder do avaliador, ou seja, trata-se de um método para adequar o trabalho do docente às necessidades e aos progressos da aprendizagem do aluno e cujos aspectos mais importantes são:

- Considerar a aprendizagem um amplo processo, em que o aluno reestrutura seu conhecimento por meio das atividades que lhe são propostas.
- Buscar estratégias e sequências didáticas adequadas às condições de aprendizagem dos alunos.
- Ampliar os conhecimentos do professor sobre os aspectos cognitivos do aluno; compreender como ele aprende, identificar suas representações mentais e as estratégias que utiliza para resolver uma situação de aprendizagem.

- Interpretar os erros não como deficiências pessoais, mas como manifestação de um processo de construção. A construção do conhecimento supõe a superação dos erros, por um processo sucessivo de revisões críticas.
- Considerar os erros como objetos de estudo, uma vez que eles revelam as representações e estratégias dos alunos.
- Diagnosticar as dificuldades dos alunos e ajudá-los a superá-las.
- Evidenciar aspectos de êxito nas aprendizagens (Brasil, 2002b, p. 108).

O trabalho avaliativo realizado é árduo e não deve recair apenas sobre o professor, tendo em vista os obstáculos que ele pode enfrentar dentro e fora de sala de aula (atuação em vários segmentos, turmas cheias, falta de recursos ou pouco tempo para a organização do conteúdo). A fim de manter seu caráter formativo, é preciso incorporar na avaliação aspectos sociais, emocionais e pedagógicos, entre outros, tornando-a reguladora da aprendizagem, de forma que ela:

- seja vista como a construção pessoal do sujeito que aprende influenciado por diversos aspectos;
- tenha êxito por meio da mediação em sala de aula (professor-aluno e aluno-aluno);
- seja favorecida pela apropriação progressiva de instrumentos e critérios de avaliação de cada professor;
- promova a autonomia do aluno quando este puder exercer o controle e a responsabilidade sobre sua aprendizagem, sob a supervisão do professor

Ao analisar o contexto dos alunos e suas reais necessidades, o professor tem em suas mãos diversas possibilidades de intervenções didáticas que podem significar efetivamente o conhecimento para determinada turma. Registrar experiências, discutir em grupos em sala de aula e apresentar resultados e conquistas dentro da própria classe são ações que incentivam processos de avaliação da turma e do professor que podem, posteriormente, servir como fonte de informações preciosas para que a instituição que fornece o curso tenha ciência de seus objetivos e verifique se eles foram ou não alcançados.

Para tanto, o educador precisa considerar que a avaliação, mais do que atribuir uma nota ao aluno por meio de um teste ou de uma prova, implica valorizar uma estratégia de resolução e identificar as dificuldades encontradas no transcurso. Ou seja, a avaliação não deve, necessariamente, apresentar uma única resposta, fechada e incontestável, podendo ser maleável e inclusiva. A maneira como está integrada ao desenvolvimento estudantil deve servir de ferramenta de reflexão para o docente, que deve perguntar a si mesmo: "Estou avaliando corretamente?", "Minha avaliação está gerando sensação de fracasso no aluno?".

Além disso, o próprio aluno pode ser responsável por sua avaliação, pois, mesmo com dificuldades, é capaz de perceber seus erros, desde que seja orientado para a autorreflexão.

Vejamos, no Quadro 5.1, estratégias e instrumentos de avaliação que podem ser aplicados na EJA.

Quadro 5.1 – Estratégias de avaliação na EJA

Registro do contrato didático
☐ Registro de negociações entre professor e alunos;
☐ Objetivos a serem atingidos;
☐ Conteúdos a serem estudados;
☐ Responsabilidades a serem cumpridas;
☐ Fundamental para organização das avaliações.
Observação do professor
☐ Registro de fatos e acontecimentos;
☐ Anotações de aspectos acordados no contrato didático.
Testes e provas
☐ Testes-relâmpago;
☐ Testes rotineiros e desafiadores;
☐ Provas em grupo seguidas de análise individual.
Estudo de caso/situações-problema
☐ Resolução de problemas trazidos pelos alunos;
☐ Atividades em grupo ou individual.
Atividades com justificativa
☐ Orais ou escritas;
☐ Entrevistas e questionários.
Mapas conceituais/mentais
☐ Realização de diagnósticos;
☐ Exploração e sistematização de conteúdos importantes;
☐ Verificação de aprendizagem.
Atividades com linguagem oral ou escrita
☐ Memórias, diários e cartas;
☐ Poesias, crônicas e músicas;
☐ Histórias em quadrinhos e jogos.
Projetos
☐ Campeonatos e olimpíadas;
☐ Seminários, exposições e feiras;
☐ Portfólios.

A aplicação de diferentes estratégias e instrumentos de avaliação enriquece o trabalho em sala de aula e permite a reflexão por parte do aluno, que, assumindo o papel de protagonista de sua aprendizagem, vê significado em toda a sua trajetória escolar.

5.4 O público da EJA

Os sujeitos participantes da EJA apresentam características próprias e formam um grupo peculiar e heterogêneo de trabalho que, em sua grande maioria, sofreu a interrupção de seu processo escolar não apenas por falha ou negação na oferta do serviço pelo governo, mas também pelo fato de pertencer a uma fração significativa da sociedade que se encontra à margem dela, excluída do mercado de trabalho, da escola e da maioria dos bens de consumo (Brunelli, 2012).

> Esses sujeitos são pessoas que estão à margem da sociedade, que não puderam ou foram impedidos de concluir seus estudos em idade regular e que não podem ser atendidos por políticas generalistas. Eles são desde jovens com mais de 15 anos, com anseios de concluir a Educação Básica e prosseguir os estudos, até pessoas idosas que não desistiram e ainda alimentam a esperança de aprender a ler e escrever. (Paraná, 2018, p. 13)

Os frequentadores das turmas de EJA compõem uma diversidade de perfis e saberes. São jovens e adultos com domínio precário das habilidades de leitura, de escrita e de cálculo ou até mesmo completamente analfabetos.

O quadro de frequentadores é muito amplo:

> São boias-frias, sacoleiros, camelôs, feirantes ou trabalhadores rurais temporários (cortadores de cana, colhedores de frutas e café etc.). Podem ser, ainda, os artesãos e cipozeiros; os pescadores ribeirinhos ou ilhéus; os habitantes de comunidades tradicionais, como os quilombolas, os faxinalenses e os indígenas; os povos sem-terras, acampados, assentados da reforma agrária ou povos em situação de itinerância; os trabalhadores urbanos, como carrinheiros e coletores de materiais recicláveis, garis e profissionais do sexo; os trabalhadores do serviço doméstico, da indústria, do comércio, do transporte, da saúde e da construção; os trabalhadores da limpeza ou da segurança pública; as pessoas livres ou em privação de liberdade; os jovens ou adolescentes em medidas socioeducativas; os idosos que residem em lares de acolhimento; as pessoas que aqui aportam e buscam refúgio (refugiados, migrantes e apátridas); enfim, os mais variados segmentos da população [...]. (Paraná, 2018, p. 14)

Essas pessoas, assim como os demais participantes da modalidade, por motivos históricos e sociais, tiveram suas demandas de escolarização prejudicadas e deixadas em segundo plano, o que agravou questões de desigualdade e de conquista de plenos poderes de cidadania. Assim, a escola precisa atuar como uma instituição equalizadora, reparadora e qualificadora para acolher e fazer um resgate educacional desses jovens e adultos.

De acordo com Brunelli (2012), desconsiderar o aspecto sociocultural dos sujeitos da EJA implica não compreender a heterogeneidade dos alunos. É o mesmo que não enxergá-los como indivíduos de diferentes idades, profissões, anseios e maneiras de estruturar e organizar o pensamento. Portanto, quando os perfis dos alunos são considerados em sala de aula, os docentes apresentam uma postura de acolhimento e diferenciam a abordagem metodológica, o que resulta em um trabalho pedagógico que terá uma significação para aqueles jovens ou adultos.

Ao levarmos em conta toda a extensão do território brasileiro e sua pluralidade cultural, percebemos a diversidade de sujeitos que podem compor uma sala de aula; no caso da EJA, eles têm idades, histórias de vida, valores e experiências bastante diferentes.

Em geral, os alunos adultos da EJA têm uma concepção de mundo enraizada e consolidada em suas mentes, pois já carregam uma experiência de vida, uma maturidade trazida por situações passadas. Entretanto, o adulto não é um ente estagnado psicologicamente, ao contrário, está em evolução e transformação contínua. Para ele, é mais fácil refletir sobre algo, pois seu nível de desenvolvimento cognitivo permite relacionar melhor a aprendizagem, a interação e a mediação, o que o leva a tomar decisões mais racionais.

Por outro lado, esse é um grupo muito inseguro, que apresenta resistência a mudanças e medo do novo e costuma sentir-se incapaz de aprender. Muitas vezes, atua na zona de conforto e tem uma relação imediatista com o conteúdo, ou seja, se não percebe aplicação imediata e utilidade para o assunto tratado, julga que este não merece atenção. Em sua grande maioria, por causa do contato com os filhos ou de experiências passadas com a escola, esses sujeitos esperam encontrar algo como um "depósito bancário" de conteúdos: aulas exclusivamente expositivas, baseadas na memorização de métodos e ferramentas necessários para a resolução de provas e demais momentos avaliativos. Nesse sentido, vemos o papel fundamental do professor para quebrar esse paradigma educacional e provar que novas metodologias podem ser aplicadas e consideradas efetivas para a aprendizagem.

Os jovens, por sua vez, constituem um grupo repleto de interesses, motivações, experiências próprias e expectativas diferentes e relevantes, como a inserção no mercado de trabalho ou o ingresso em faculdades ou universidades, muitas vezes sonhando mais do que os adultos da modalidade. Apesar de não haver uma idade certa para definir a fase da juventude, sabemos que as responsabilidades sociais, financeiras e pessoais vêm sofrendo alterações para essa parcela da população, que dá muito valor ao contato social e à vida em grupos, pois essa é uma forma de encontrar apoio e respostas a seus anseios. São jovens dotados de conhecimentos práticos a respeito da sociedade na qual estão imersos (dificuldades enfrentadas, preconceitos vencidos ou não, valores familiares ou de grupo e perspectivas futuras, entre outros) e capazes de expressar seus sentimentos de diversas formas. Geralmente, trazem marcas da exclusão sofrida quando eram mais novos, traços de indisciplina e baixa autoestima.

Para saber mais

ALFABETIZAÇÃO E CIDADADIA: Revista de Educação de Jovens e Adultos. Diversidade do público da EJA. Brasília: RAAAB; Unesco, Governo Japonês, n. 19, jul. 2006. Disponível em: <https://unesdoc.unesco.org/ark:/48223/pf0000146580>. Acesso em: 2 fev. 2021.

A edição n. 19 da revista *Alfabetização e Cidadania*, voltada à EJA, apresenta uma reunião de artigos sobre os mais diversos públicos participantes dessa modalidade de ensino.

Independentemente do grupo ao qual pertencem, os participantes dessa modalidade de ensino buscam na escola não apenas obter qualificação para o mercado de trabalho, mas também ser reconhecidos socialmente pelo seu conhecimento, para assim terem vez e voz na sociedade. Dessa forma, uma turma de EJA é um solo fértil para trabalhos diversos e contato com diferentes culturas, experiências e demais fatores que, se levados em conta pelo educador e pela equipe pedagógica, podem ser fundamentais para o resgate efetivo dos estudantes.

Síntese

Neste capítulo, vimos que ainda devemos avançar em muitos critérios na EJA para que sua real importância seja reconhecida. Formada por um público heterogêneo de sujeitos vindos das mais diversas camadas sociais brasileiras, com diferentes necessidades e experiências, a modalidade sofre constantemente com as tentativas de engessamento de currículos e formas de avaliação.

Observamos que o próprio texto da BNCC voltado para o ensino médio, segmento no qual a disciplina de Química se enquadra, não contempla orientações específicas para a modalidade em questão e deixa a cargo dos governos estaduais e municipais e das instituições de ensino a adequação dos currículos e dos conteúdos a serem trabalhados.

Também destacamos que a modalidade da EJA trabalha com diferentes modos e ambientes de oferta: presencial, não presencial e semipresencial – sendo o primeiro o mais difundido pelo país, mas não considerado o mais efetivo ou de maior agrado. Nesse contexto, a oferta de novas modalidades e formas de atingir o público da EJA vem crescendo em meio ao desenvolvimento tecnológico e à possibilidade da aprendizagem em qualquer lugar e a qualquer hora.

Vimos também que os educadores devem priorizar o trabalho contextualizado e romper com a centralidade das disciplinas nos currículos, enfocar aspectos mais globalizadores e estabelecer relações com o mundo real. Para que isso ocorra, a avaliação não pode ser conteudista, e sim voltada à valorização de uma estratégia de resolução e à identificação das dificuldades passadas no processo, apresentando, portanto, um caráter formativo. Dessa forma, o aluno poderá se sentir mais confiante em todo o seu processo de aprendizagem, e o professor, mais realizado em suas estratégias de ensino.

Atividades de autoavaliação

1. Para Menegolla e Sant'Anna (2001), a escola e, por consequência, os professores devem planejar suas ações de forma a construir um ambiente satisfatório de aprendizado para o aluno, pois é por meio da educação e da instituição que os sujeitos buscam a realização pessoal. Para conquistar esse objetivo na modalidade da EJA, o professor pode:
   a) buscar conhecer a realidade na qual o aluno está inserido e trazê-la para dentro da sala de aula em sua fala.
   b) ignorar a realidade na qual o aluno está inserido e procurar livros e atividades condizentes com sua idade.
   c) manter os modelos de aulas adotados desde o início da carreira e as estratégias didáticas sem adaptações.
   d) conhecer o aluno e entender suas reais necessidades, para assim transmitir toda a carga de conteúdo de forma mecânica.
   e) rever os modelos de aulas adotados desde o início da carreira e as estratégias didáticas sem adaptações.

2. Apesar de não trazer em seu corpo orientações claras voltadas à modalidade da EJA, a BNCC propõe uma estrutura curricular baseada em duas divisões distintas de trabalho. Assinale a alternativa que apresenta corretamente as duas divisões:
   a) Educação formativa e itinerário geral básico.
   b) Formação geral básica e aprofundamentos.
   c) Itinerários formativos e aprimoramento.
   d) Formação geral básica e itinerário formativo.
   e) Formação itinerante e aprofundamentos.

3. De acordo com a leitura do capítulo, assinale a alternativa que descreve no que consiste a avaliação formativa:
   a) Processo que envolve professores e alunos por meio da utilização de métodos conteudistas e da simples reprodução dos saberes.
   b) Método para adequar o trabalho do professor às necessidades e aos progressos da aprendizagem do aluno.
   c) Método para regular o trabalho do professor de acordo com processos de reprodução de saberes do aluno.
   d) Processo de adequação do trabalho do professor e do aluno a uma avaliação de conclusão de curso, exclusivamente.
   e) Método para normatizar o trabalho do professor em relação à transmissão de conteúdos sem considerar as demandas dos alunos.

4. Para manter o caráter formativo da avaliação, é preciso incorporar aspectos sociais, emocionais e pedagógicos, entre outros, tornando-a reguladora da aprendizagem. Analise as afirmações a seguir e marque V para as verdadeiras e F para as falsas.
   ( ) A avaliação passa a ser vista como a construção pessoal do sujeito que aprende influenciado por diversos aspectos.
   ( ) O processo avaliativo tem êxito por intermédio de mediações em sala de aula (professor-aluno, aluno-aluno).
   ( ) A avaliação não é favorecida pela apropriação progressiva dos instrumentos e critérios de avaliação de cada professor.
   ( ) A avaliação promove a autonomia do aluno quando este exerce o controle e a responsabilidade sobre sua aprendizagem, sob a supervisão do professor.

Assinale a alternativa que corresponde à sequência correta:
a) V, F, V, V.
b) F, V, F, V.
c) F, F, V, V.
d) V, F, F, V.
e) V, V, F, V.

5. De acordo com Brunelli (2012), desconsiderar o aspecto sociocultural dos sujeitos da EJA implica não compreender a heterogeneidade dos alunos, ou seja, é o mesmo que não concebê-los como indivíduos de diferentes idades, profissões, anseios e maneiras de estruturar e organizar o pensamento. Essa reflexão permite concluir, com relação às turmas de EJA:
   a) Deve-se apenas transmitir conteúdos programados e desvinculados das vivências dos alunos e concentrar a atenção na preparação para exames futuros.
   b) Não é necessário ter um currículo formado e uma programação de conteúdos, pois se deve apenas transmitir conhecimentos do cotidiano.
   c) É preciso considerar a vivência e as experiências dos sujeitos a fim de organizar currículos e planejamentos mais contextualizados e aplicáveis à realidade deles.
   d) As diferentes constituições dos grupos favorecem a criação de um vasto terreno fértil para o desenvolvimento de currículos e planejamentos que visem à transmissão de conteúdos sem vínculo com a contextualização.
   e) Contextualizar os saberes é fundamental para o desenvolvimento das atividades, entretanto a aplicabilidade dessa contextualização é facultativa e desnecessária.

Atividades de aprendizagem

Questões para reflexão

1. Como vimos neste capítulo, algumas regiões ou cidades brasileiras já apresentam um currículo estruturado para a EJA. Verifique se em sua região isso se aplica. Pesquise quais orientações são dadas, quais conteúdos são priorizados e como o professor deve lidar com os processos avaliativos.

2. Considerando a heterogeneidade das turmas de EJA em relação à idade e às experiências dos alunos, reflita sobre as diferentes posturas que você, como educador, precisaria adotar em uma situação de primeiro contato com a turma. Como seria a apresentação da disciplina e quais abordagens seriam utilizadas em sua conversa inicial? Discorra, como em um planejamento, sobre o que você pretenderia fazer. Converse com um professor da modalidade e verifique se sua proposta seria validada e aplicável.

Atividade aplicada: prática

1. Neste capítulo, vimos que existem vários segmentos constituintes e participantes da modalidade da EJA nos diversos centros brasileiros, como quilombolas, mulheres, pescadores e afrodescendentes. Pesquise a realidade do público da EJA de sua região. A comunidade participante faz parte de que parcela, em sua maioria? Como essas pessoas

se sentem na comunidade escolar? Existem oportunidades diferenciadas de acesso à educação, organizações não governamentais (ONGs) atuantes ou outros aspectos facilitadores?

Capítulo 6

Ensino de Química na educação de jovens e adultos

Nos capítulos anteriores, vimos que o público da educação de jovens e adultos (EJA) é heterogêneo, o que exige um preparo e uma atenção diferenciados por parte do professor. Neste capítulo, vamos discutir dificuldades de ensino, práticas, metodologias, currículos e atividades relativos à Química na modalidade da EJA, com a finalidade de contribuir para a promoção do ensino e da aprendizagem conscientes dessa disciplina.

6.1 Dificuldades no ensino de Química na EJA

O ensino de Química na modalidade da EJA é um desafio (Bonenberger et al., 2006), sobretudo no que diz respeito à superação de barreiras impostas pelos próprios alunos aos conteúdos que são capazes de aprender. Por diversas vezes, os estudantes mostram-se frustrados e incapazes de aprender Química porque se sentem inseguros, não apresentam pré-requisitos suficientes ou não compreendem a aplicação dos conteúdos e dos assuntos em seu cotidiano.

De acordo com Budel (2016), os professores que atuam na EJA lidam com várias particularidades: precisam considerar as especificidades dos alunos, dispõem de um tempo curricular reduzido e têm o desafio de dar conta do mesmo conteúdo do ensino médio regular, no qual a carga horária é maior. Além dessas responsabilidades, que exigem muito do corpo docente, a defasagem ou uma grade incompleta no que diz respeito às vivências pedagógicas durante a graduação nos cursos de licenciatura resulta em professores com falta de convívio e profundidade na EJA, mas plenos em termos de conteúdos e saberes específicos. Muito da prática ainda não se desenvolve pelo fato de os graduandos não buscarem uma oportunidade de estágio na modalidade da EJA, por exemplo.

Para Macedo (2014), é possível observar a reprodução na EJA das formas de ensinar no ensino fundamental e no ensino médio regular por parte dos docentes, porém essas práticas distanciam-se dos educandos jovens, adultos e idosos que compõem essa modalidade, ou seja, os professores são preparados e saem das universidades prontos para ensinar crianças e adolescentes em séries regulares da educação básica, que apresentam necessidades distintas das dos participantes da EJA.

Então, como se vencer essa barreira que afasta os professores dos alunos e sujeitos da EJA? Por meio da formação continuada. Conforme Budel (2016), é importante que os educadores que lecionam na EJA participem da formação continuada para aprimorar suas práticas pedagógicas, haja vista que voltar a aprender os torna pesquisadores de suas ações educativas.

De certo modo, muitas das dificuldades no ensino de Química vivenciadas por professores das mais diversas escolas, e não apenas no contexto da modalidade da EJA, devem-se ao fato de diversos alunos não compreenderem termos, símbolos e representações inerentes a essa disciplina. Segundo Budel (2016, p. 22),

> o que se observa de forma geral, nos programas escolares, é que persiste a ideia de um número enorme de conteúdos a desenvolver e, no caso da EJA, em um tempo ainda

mais reduzido, o que amplia as dificuldades. Nesses casos, os educadores obrigam-se a "correr com a matéria", trabalhando um item após o outro mesmo que isso não faça sentido algum para os estudantes.

Sendo assim, entende-se como necessária a realização de uma seleção de conteúdos de Química para a EJA.

Outra dificuldade vivenciada por professores de Química diz respeito aos recursos financeiros e materiais, que são escassos nos centros de atuação. A limitação de produtos reagentes para demonstração de práticas experimentais e a falta de estrutura para a realização do mínimo de experiências em sala de aula comprometem, por vezes, a atuação dos docentes.

Para saber mais

SBQ – Sociedade Brasileira de Química. (Org.). **A química perto de você**: experimentos de baixo custo para a sala de aula do ensino fundamental e médio. São Paulo, 2010. Disponível em: <http://edit.sbq.org.br/anexos/AQuimicaPertodeVoce1aEdicao_jan2011.pdf>. Acesso em: 2 fev. 2021.

Esse material apresenta uma vasta relação de experimentos de baixo custo e que podem ser realizados em sala de aula no ensino fundamental e no ensino médio.

Para contornar essa dificuldade, em repositórios de objetos educacionais e outros meios gratuitos de divulgação de conhecimento e experiências, é possível encontrar alternativas de baixo custo e fáceis de reproduzir em sala de aula para tentar ressignificar o ensino e a aprendizagem de Química.

6.2 A prática na EJA

Tendo em vista as funções inclusiva, reparadora, equalizadora e qualificadora da EJA, é fundamental pensar em uma prática pedagógica que reforce essa missão e que, de fato, promova o aprendizado na disciplina de Química, mesmo com todas as dificuldades enfrentadas por alunos e professores. Para Sousa et al. (2019), os métodos e as práticas didático-pedagógicos adotados e desenvolvidos na EJA devem envolver, como objetivos principais, a priorização e a valorização do aprendizado dos alunos, de forma a permitir sua autonomia na aprendizagem no ambiente escolar.

A contextualização é o passo fundamental para o ensino e a aprendizagem serem significativos para as turmas da EJA. Muitos alunos questionam a aplicabilidade dos conteúdos que aprendem no cotidiano, no trabalho e em outras situações enfrentadas. Assim, essa prática, quando adotada e pensada pelo professor, permite associar conhecimentos teóricos necessários e trabalhados em sala de aula a exemplos reais e práticos, por meio também da interdisciplinaridade, a fim de mostrar aos alunos que os conteúdos se relacionam.

Para Xavier e Godoy (2008), a aprendizagem precisa ser compreendida como uma ressignificação do mundo, por meio da qual o aluno se apropria do saber sem se desligar do que adquiriu em sua vivência fora de sala de aula. Ao fazer a contextualização, levando-se em consideração a necessidade de conhecer a realidade do indivíduo e realizar estudos de caso para compreender a pertinência do ensino de Química para os sujeitos da EJA, abre-se um caminho para a produção de conhecimentos químicos direcionados à prática da cidadania.

Tendo em vista a maior flexibilidade do trabalho docente em algumas regiões brasileiras, é possível experimentar estratégias e metodologias diferenciadas para motivar os alunos e promover seu desenvolvimento constante e completo, incentivando-os a refletir sobre a química em questões e em contextos sociais.

Mendes, Amaral e Silveira (2011) mencionam o trabalho de um grupo de pesquisa inserido no Projeto Ensino de Química e Sociedade (Pequis), que discute temas da disciplina presentes em livros didáticos e sua relação com aspectos que envolvem ciência, tecnologia e sociedade, associados a questões ambientais, econômicas e políticas.

Geitens (2013) relata sua caminhada como professor de Química na EJA e compartilha suas experiências e práticas docentes. Ele observa que procurava motivar e atingir os alunos como aprendeu com um professor da graduação que dizia: "Mostre a química como ela é, ou seja, leve os alunos a trabalhar como químicos, fazendo reações, observando, interpretando resultados, emitindo hipóteses, testando-as e confrontando-as com novas experiências" (Geitens, 2013, p. 1).

A inserção do aluno no universo de trabalho de um químico ou na aplicação dos conceitos de química em seu cotidiano, mostrando-se como os processos dessa área se dão, como transformam a matéria, quais são os conceitos envolvidos e as consequências micro e macroscópicas observadas, é uma forma de quebrar paradigmas a respeito da dificuldade de aprendizagem de conceitos de química vivenciada pelo público da EJA, que, em sua maioria, encontra-se afastada do âmbito escolar há muito tempo.

O grande desafio é como abordar essas práticas de ensino e aprendizagem. A seguir, discutiremos alguns aspectos metodológicos que podem ajudar o professor da modalidade da EJA a colocar em prática a contextualização tão defendida por diversos teóricos.

6.3 Conteúdos de Química para a EJA

No ensino regular de Química durante o ensino médio, é muito comum trabalhar uma vasta quantidade de conteúdos no âmbito de uma grade curricular de três anos, pois o foco da preparação é voltado para o vestibular, o Exame Nacional do Ensino Médio (Enem) e diversos outros meios de acesso ao ensino superior. No entanto, para a EJA, o foco muda: o aluno não pode ser tratado como um ser que precisa receber conteúdos para uma prova extensa ou para desenvolver uma profissão, e sim como um sujeito que necessita de resgate e de significação do conhecimento de forma a perceber que, mesmo após sua saída da sala de aula e seu retorno tão aguardado, ele pode sentir satisfação em aprender um tema que lhe será útil ou significativo em determinado momento de sua vida.

O professor atuante nessa modalidade não terá o mesmo tempo hábil que há em uma turma de ensino médio regular (três anos). Em muitos cursos de EJA, é disponibilizado o período de seis meses para trabalhar todo o conteúdo de três anos, com um número de aulas que varia de um munícipio para o outro. Assim, é fundamental reconhecer que, embora existam conteúdos muito avançados na disciplina que não são relevantes para o aluno da EJA, há outros que precisam ser abordados, pois podem ter relação com situações do cotidiano ou ser significativos para esse público.

Tendo como base propostas curriculares nacionais, resoluções e pareceres que norteiam o trabalho da EJA no país e sendo a Química uma das disciplinas da área de ciências da natureza e suas tecnologias, é necessário tratá-la com atenção ao realizar a seleção de conteúdos para compor a grade de estudos em turmas da EJA, o que exige uma análise diversificada e sob vários ângulos, que permita identificar quais assuntos são mais adequados a cada turma.

Essa análise, conforme Brasil (2002a, p. 84, grifo do original), pode ser realizada de diversos modos:

- **temas transversais**, essenciais para a formação da consciência cidadã;
- **critérios para a seleção de conteúdos**, que sintetizam as considerações gerais e os objetivos da área;
- natureza dos conteúdos, enquanto **fenômenos, conceitos, procedimentos, valores e atitudes**, uma classificação compartilhada com as demais áreas e temas transversais;
- organização dos conteúdos em **temas de trabalho**, que o professor escolhe de modo a proporcionar o desenvolvimento das capacidades expressas nos objetivos gerais;

- **eixos temáticos** – Terra e Universo; Vida e ambiente; Ser humano e saúde; e Tecnologia e sociedade –, que articulam vários conteúdos, a partir dos quais o professor desenvolve os temas de trabalho.

Em Química, os temas transversais destacam a necessidade de dar sentido prático às teorias e aos conceitos científicos trabalhados na escola, favorecendo a análise de problemas atuais. Ou seja, os alunos são convidados a utilizar os conteúdos já aprendidos para entender situações que afetam direta ou indiretamente sua vida e o planeta, como os aditivos alimentares, a chuva ácida e a utilização de energia nuclear, entre outros assuntos.

Além disso, os conteúdos escolhidos devem ser relevantes para os alunos jovens e adultos dos pontos de vista social, cultural e científico, como uma forma de superar o senso comum, além de exigir do professor o conhecimento de seus estudantes (trabalho, relações familiares, contato com a ciência e a tecnologia e demais informações relevantes). Os dados iniciais e a constante observação das características dos alunos tornarão mais fácil para o professor de EJA definir os conteúdos relevantes para o grupo específico com o qual está trabalhando, favorecendo uma visão de mundo interativa, de forma que os assuntos não serão constituídos apenas de fatos e conceitos, mas de valores e atitudes a serem tomados de acordo com a realidade dos alunos.

Os temas de trabalho são contextos aglutinadores de fatos e conceitos científicos, desenvolvidos concomitantemente a valores, atitudes e procedimentos (ou habilidades), possibilitando uma visão de mundo integrada ao se considerarem as diferentes realidades de cada turma. Não apenas na EJA, mas principalmente nessa modalidade, os temas que relacionam a química a fatos tecnológicos e a fenômenos naturais presentes no cotidiano dos alunos são especialmente interessantes, pois eles passam a se sentir capazes de participar ativamente da aula e contribuem fornecendo exemplos e aplicações.

> Em uma classe com trabalhadores do setor de limpeza, empregadas domésticas e donas de casa, por exemplo, pode ser desenvolvido um tema de trabalho como "As substâncias no cotidiano", incluindo-se a discussão sobre os materiais de limpeza utilizados, os elementos de sua composição e o tipo de impacto que causam no ambiente (conteúdos do eixo Tecnologia e sociedade), as prevenções a serem tomadas para a utilização dos mesmos (do eixo Ser humano e saúde) etc. A possibilidade de discutir os processos e fenômenos químicos envolvidos na culinária propiciará às donas de casa e às empregadas domésticas a possibilidade de trazer inúmeros exemplos de transformações de substâncias. (Brasil, 2002a, p. 96-97)

Ao trabalhar com os quatro eixos das ciências naturais, é possível compor diferentes temas de trabalho, caminhando até mesmo para a interdisciplinaridade, não só entre as ciências da natureza (química, física e biologia), mas também entre as demais áreas do conhecimento. Vale a pena lembrar que é de suma importância o contato, ao longo do percurso escolar da modalidade da EJA, com conteúdos presentes nos quatro eixos, e não apenas em um deles, para que haja uma diversidade de conhecimentos e de propostas de trabalho.

Curiosidade

Os quatro eixos das ciências naturais são:
1. Terra e Universo.
2. Vida e ambiente.
3. Ser humano e saúde.
4. Tecnologia e sociedade.

De acordo com os Parâmetros Curriculares Nacionais para o Ensino Médio (PCNEM), as competências e habilidades a serem desenvolvidas em Química são:

Representação e comunicação
- Descrever as transformações químicas em linguagens discursivas.
- Compreender os códigos e símbolos próprios da Química atual.
- Traduzir a linguagem discursiva em linguagem simbólica da Química e vice-versa. Utilizar a representação simbólica das transformações químicas e reconhecer suas modificações ao longo do tempo.
- Traduzir a linguagem discursiva em outras linguagens usadas em Química: gráficos, tabelas e relações matemáticas.
- Identificar fontes de informação e formas de obter informações relevantes para o conhecimento da Química (livro, computador, jornais, manuais etc.).

Investigação e compreensão
- Compreender e utilizar conceitos químicos dentro de uma visão macroscópica (lógico-empírica).
- Compreender os fatos químicos dentro de uma visão macroscópica (lógico-formal).
- Compreender dados quantitativos, estimativa e medidas, compreender relações proporcionais presentes na Química (raciocínio proporcional).
- Reconhecer tendências e relações a partir de dados experimentais ou outros (classificação, seriação e correspondência em Química).
- Selecionar e utilizar ideias e procedimentos científicos (leis, teorias, modelos) para a resolução de problemas qualitativos e quantitativos em Química, identificando e acompanhando as variáveis relevantes.
- Reconhecer ou propor a investigação de um problema relacionado à Química, selecionando procedimentos experimentais pertinentes.
- Desenvolver conexões hipotético-lógicas que possibilitem previsões acerca das transformações químicas.

Contextualização sociocultural
- Reconhecer aspectos químicos relevantes na interação individual e coletiva do ser humano com o ambiente.
- Reconhecer o papel da Química no sistema produtivo, industrial e rural.
- Reconhecer as relações entre o desenvolvimento científico e tecnológico da Química e aspectos sócio-político-culturais.
- Reconhecer os limites éticos e morais que podem estar envolvidos no desenvolvimento da Química e da tecnologia. (Brasil, 2000a, p. 39)

Nas orientações educacionais complementares ao PCNEM, chamadas de *PCN+*, é possível encontrar propostas de temas estruturadores do ensino associados a essas competências, algumas sugestões pedagógicas e formas de organização do trabalho ao longo dos três anos do ensino médio.

Para saber mais

BRASIL. Ministério da Educação. **PCN+ Ensino Médio**: orientações educacionais complementares aos Parâmetros Curriculares Nacionais – ciências da natureza, matemática e suas tecnologias. Brasília, 2002. Disponível em: <http://portal.mec.gov.br/seb/arquivos/pdf/CienciasNatureza.pdf>. Acesso em: 2 fev. 2021.

Acesse informações o PCN+ Ensino Médio voltado para o ensino das ciências da natureza, especialmente a Química.

Tendo os estados, os municípios e os centros de ensino autonomia para a composição da grade curricular e do plano de conteúdo a ser desenvolvido, mais uma vez ressaltamos a importância da escolha de conteúdos em Química considerando-se o desenvolvimento de habilidades e competências que tenham significado prático, interdisciplinar e contextualizado para os alunos, a fim de evitar a evasão das turmas, a frustração e o baixo rendimento na disciplina.

6.4 Metodologias do ensino de Química para a EJA

Ao pensarmos no ensino de Química para a EJA, uma questão deve ser feita: Todo e qualquer tipo de metodologia é válido para essa modalidade de ensino? Esse questionamento leva a uma reflexão a respeito dos papéis desempenhados pela escola e pelo professor, não somente na EJA, mas também nas demais modalidades de ensino.

A grande maioria das pessoas que frequentaram a educação básica em qualquer escola brasileira teve, em sua formação, um ensino do tipo "bancário" no que diz respeito à disciplina de Química: um professor em frente à turma, com uma lousa repleta de códigos, moléculas e reações muitas vezes incompreendidos, além de pouco contato com a parte experimental e prática e quase nenhuma contextualização do conteúdo aprendido. Como consequência, os comentários dos alunos externavam julgamentos negativos e falta de interesse pela disciplina, refletindo-se em seu rendimento nas avaliações, que também cobravam memorização, cálculos exaustivos e pouca aplicação dos conteúdos aprendidos.

Krasilchik (2004) observa que os métodos unidirecionais, que centram no professor a tarefa de ensinar, de forma que este assume a postura de detentor do saber e torna-se um mero transmissor de conteúdos aos alunos, não contribuem para o desenvolvimento do sujeito autônomo na aprendizagem. A esse respeito, Cavalcante et al. (2016) ressaltam que o uso e a aplicação de novas metodologias que ofereçam subsídios para a competência de aprender a aprender devem estar presentes em todos os níveis escolares. Portanto, na EJA a postura do professor não pode ser diferente, de maneira que incentivar atividades voltadas à formação de cidadãos reflexivos e atores do próprio aprendizado é fundamental.

As atividades no ensino de Química devem contemplar um conjunto de práticas que visem à compreensão, com o envolvimento de várias disciplinas, de fenômenos químicos, biogeoquímicos, sociais e econômicos, entre outros, que estreitem as relações entre desenvolvimento tecnológico e socioeconômico, a fim de ampliar o raio de ação do sujeito-cidadão.

No contexto da EJA, essas atividades devem colaborar para a emancipação dos alunos, levá-los a compreender o ambiente que os cerca e a relacionar fatos e fenômenos a situações cotidianas. Nesse sentido, é preciso utilizar metodologias que priorizem a participação de forma mais ativa e incentive os estudantes a buscar soluções para os problemas apresentados, para que repensem seus conhecimentos prévios, conforme afirmam Cavalcante et al. (2016).

O trabalho contextualizado do ensino de Química é comprovadamente proveitoso (Almeida et al., 2008; Silva, 2007), mas exige preparação por parte do professor. Não basta mencionar uma série de exemplos e aplicações de temas da química no dia a dia e relacioná-los de forma artificial ao cotidiano dos alunos. Mais do que isso, é preciso buscar curiosidades e contextos sociais e fazer a ligação destes com o cotidiano dos estudantes, propondo situações problemáticas reais que os levem a utilizar o conhecimento a fim de compreendê-las e resolvê-las. Portanto, sendo a contextualização no ensino respaldada pela Lei n. 9.394, de 20 de dezembro de 1996 (Brasil, 1996b) – Lei de Diretrizes e Bases da Educação Nacional (LDBEN) –, e corroborada pelos Parâmetros Curriculares Nacionais (PCN), cabe aos professores buscar meios de trazer essa metodologia para dentro da sala de aula, em todos os segmentos de EJA.

Aliado à contextualização, o uso de metodologias ativas nas aulas de ciências tem sido um grande trunfo para professores que desejam ressignificar o ensino e a aprendizagem dos alunos.

Entendemos por *metodologias ativas* todo e qualquer tipo de alternativa e estratégia pedagógica por meio da qual o aluno passa a ser o agente principal de sua aprendizagem, de forma flexível, interligada e híbrida (Bacich; Moran, 2018), potencializando a aprendizagem dos alunos.

Muitas das metodologias mais difundidas envolvem o uso da tecnologia computacional e da internet. No entanto, em diversos centros de EJA, é comum haver dificuldades para utilizar esses recursos. Isso porque, mesmo o Brasil constituindo uma sociedade conectada e com rápido acesso a informações mundiais, grande parte da população não dispõe de acesso à internet, *smartphone*, computador e diversas outras ferramentas. Muitas escolas brasileiras sequer têm uma estrutura básica para comportar os alunos.

Entretanto, é possível desenvolver metodologias ativas diferenciadas em sala de aula sem a presença da internet. Vejamos, no Quadro 6.1, algumas das metodologias ativas mais difundidas e passíveis de adaptação para turmas de EJA.

Quadro 6.1 – Metodologias ativas para turmas de EJA

Metodologia	Conceito
Sala de aula invertida ou *flipped classroom*	O aluno assume a responsabilidade por sua aprendizagem consultando materiais e textos previamente selecionados pelo professor. O tempo de sala de aula é destinado ao esclarecimento de dúvidas e ao incentivo à aprendizagem colaborativa.
Ensino híbrido ou *blended learning/teaching*	Por meio do uso de um ambiente virtual, de forma não presencial, o aluno interage com recursos e o professor torna-se motivador. Na modalidade presencial, são propostas atividades em contextos de socialização e de elaboração de deduções com o auxílio do professor.
Gamificação ou *gamefication*	É uma estratégia de ação que utiliza jogos e atividades afins para que a aprendizagem ocorra por meio de tomadas de decisão (positivas ou negativas).
Aprendizagem baseada em problemas, projetos e times	Trata-se de uma estratégia que busca uma solução ativa para um problema ou um projeto de forma interdisciplinar. Envolve diversos campos do conhecimento e faz uso da aprendizagem significativa e colaborativa.
Aprendizagem entre pares ou *peer instruction*	É uma estratégia que incentiva o protagonismo do aluno e procura fazer com que ele atue como tutor dos demais colegas com dificuldades, criando um ambiente colaborativo e afetivo.

Em virtude das particularidades da EJA brasileira, os métodos de aprendizagem baseados em problemas e entre pares são os mais recomendados para uma significação de conteúdos. Como grande parte dos alunos tem dificuldades em Química, a atuação por meio de discussões em pares e a resolução de projetos ou problemas podem auxiliar no contato com as aplicações práticas e na busca por uma melhor compreensão dos conteúdos propostos. Alunos com maior facilidade no entendimento dos conteúdos da disciplina podem ajudar os colegas da sala de aula a resolver situações por meio de explicações com uma linguagem mais própria do grupo e, assim, quebrar barreiras entre as pessoas.

Para saber mais

BACICH, L.; MORAN, J. (Org.). **Metodologias ativas para uma educação inovadora**: uma abordagem téorico-prática. Porto Alegre: Penso, 2018.

A obra apresenta práticas pedagógicas inovadoras relacionadas a teorias-suporte para a educação básica e superior, em que o protagonismo do aluno é enaltecido.

Outro recurso que pode ser utilizado no ensino de Química são as experimentações. Apesar da dificuldade de acesso a materiais e a reagentes, existem práticas e experimentos de baixo custo que podem ser realizados com produtos comuns encontrados em supermercados, feiras, lojas de produtos de limpeza e demais comércios do bairro. Contudo, a simples realização de um experimento sem conexão com a vivência de sala de aula ou com o conteúdo ofertado não contribui tanto para o processo quanto uma prática estruturada e aplicada em momento oportuno, feitos os devidos *links* com a vivência e a experiência dos alunos, visando mostrar as aplicações desse experimento em sua realidade.

Para saber mais

MANUAL DO MUNDO. Disponível em: <https://www.youtube.com/channel/UCKHhA5hN2UohhFDfNXB_cvQ>. Acesso em: 2 fev. 2021.

Esse canal do YouTube apresenta diversos experimentos, sendo a maioria de baixo custo e passível de reprodução em casa ou na escola, sem a necessidade do ambiente de laboratório. Os vídeos apresentam explicações dos experimentos e fazem contextualizações com situações do cotidiano.

Como vimos, existem compêndios de aulas práticas em artigos disponibilizados gratuitamente na internet, bem como canais do YouTube, livros publicados por universidades e diversos outros modos de acessar materiais gratuitos e de qualidade para quem pretende utilizar atividades experimentais no ensino de Química.

6.5 Atividades de Química para a EJA

Os educadores reinventam currículos e metodologias e muitas vezes tentam acompanhar as mudanças e os avanços tecnológicos que influenciam a sociedade. Entretanto, mais do que se esforçarem nesses aspectos, é importante refletir sobre o convívio e a experiência cotidiana em sala de aula e como isso apresenta efeitos significativos no aprendizado.

Assim, a atualização quanto a atividades exercidas em sala de aula exige atenção e esforço, pois envolve quebra de paradigmas relacionados à maneira como se aprende e se escolhe ensinar. Vejamos, a seguir, algumas maneiras de desenvolver atividades e colocá-las em prática na disciplina de Química, de forma a despertar a atenção dos alunos das mais diversas idades.

- **Uso de jogos educativos** – No ensino de Química, a gamificação, ou seja, o uso de jogos em sala de aula, permite o uso de plataformas *on-line* e de jogos *off-line*, como os de tabuleiro, para a interação e a aplicação dos conhecimentos aprendidos em sala de aula. São estratégias muito envolventes que podem ser desenvolvidas individualmente ou em grupos. Jogos de memória, perguntas e respostas, tabuleiros, cartas e outros podem ser utilizados como um meio para introduzir conteúdos novos ou como uma forma divertida de fechamento e assimilação de assuntos trabalhados.
- **Estímulo à criatividade** – Ao trabalhar conteúdos de Química na EJA, o professor pode propor atividades que estimulem o senso de síntese e a criatividade dos alunos, como o desenvolvimento de mapas mentais ou conceituais. Um mapa mental é um diagrama baseado nas atividades neurais e nas conexões existentes no cérebro que permite a organização de ideias de forma lógica e simples a fim de facilitar processos de memorização, sendo muito efetivo para a revisão de matérias, a elaboração de planejamentos e a organização de estratégias e reuniões. O uso dessa ferramenta pode facilitar a compreensão de conteúdos mais complexos para os alunos da EJA, pois trabalha com princípios de organização e de relação entre conhecimentos.

- **Resolução de situações-problema** – Como vimos, a aprendizagem baseada em problemas é uma metodologia de ensino que vem sendo utilizada de forma ampla no Brasil e em vários outros países para fomentar o ensino de ciências e matemática nas escolas, pois visa aplicar conhecimentos já trazidos pelos alunos e aqueles aprendidos em sala de aula para solucionar questões propostas que, geralmente, estão contextualizadas com situações cotidianas ou que podem ser enfrentadas futuramente pelos sujeitos. Somos naturalmente atraídos pela resolução de desafios; assim, trazer essa estratégia para as atividades em sala de aula permite que os alunos tenham contato com diferentes propostas de soluções para situações observadas no mercado de trabalho e no cotidiano.
- **Atividades fora de sala de aula** – Podem ser realizadas fora da escola ou fora da sala de aula, em outros ambientes, como biblioteca, cantina, pátio e laboratório de informática. O envolvimento de locais diferenciados no ensino de Química mostra aos alunos que o aprendizado dessa disciplina não está restrito à sala de aula, e sim presente em situações diversas, assim como aquelas que serão enfrentadas por eles no cotidiano em casa, no emprego, na indústria e na sociedade de maneira geral, o que pode despertar neles interesse e motivação.
- **Envolvimento dos alunos** – Aproveitar as experiências trazidas pelos sujeitos da EJA é enriquecedor para a sala de aula, pois eles desejam assumir responsabilidades e sentir-se valorizados pelo que fazem. Assim, inverter o processo de ensino utilizando a metodologia da sala de aula invertida

(*flipped classroom*) coloca nas mãos do aluno ou do grupo de alunos a apresentação de temas, sendo o professor o mentor do processo, que auxilia no caminho a ser trilhado, mas concede o controle do avanço aos alunos pelas discussões que são geradas.

- **Trabalho em grupo** – A criação de atividades em grupo para o ensino de Química simula muitas situações que os alunos poderão enfrentar no mercado de trabalho. Saber trabalhar em grupo, expressar a opinião de forma respeitosa, acatar ideias dos demais membros e analisar propostas de soluções de problemas são habilidades que geram maior confiança e envolvimento dos estudantes em relação ao grupo a que pertencem. Os trabalhos em grupo também podem configurar estratégias de estudo e aprofundamento para aqueles que apresentam dificuldades de aprendizagem e precisam de auxílio ou de facilidades, pois alguns podem cooperar e ajudar os demais.
- **Diversificação da forma de introdução dos conteúdos** – Não há necessidade de empregar estratégias mirabolantes e de difícil execução em todas as aulas. Iniciar conteúdos diferentes usando técnicas distintas é uma ferramenta inovadora que faz com que o aluno se lembre da experiência e relacione o conteúdo à atividade. Por exemplo, pode-se iniciar a aula com um *quiz*, uma leitura de artigo, texto, poema ou canção, uma pequena discussão ou um trecho de programa de TV.
- **Alteração do formato da sala de aula** – Ao trabalhar dentro de sala de aula, pode-se alterar a disposição do mobiliário, sempre que possível, formando ilhas ou dispondo as carteiras

na forma de mesa-redonda ou de auditório. Essa estratégia quebra a rotina e traz um conforto maior para os alunos, pois possibilita o contato visual e a maior interação para discussões.

- **Uso de tecnologia** – Apesar de, no Brasil, ainda haver pessoas com acesso restrito a tecnologias como celulares e computadores, o professor pode procurar, na medida do possível, utilizar essas ferramentas em sua aula. Se a escola dispuser de um laboratório de informática ou de rede sem fio, é possível usar ferramentas que auxiliem no estudo da Química. Existem diversos aplicativos e programas voltados ao ensino dessa disciplina, com uma linguagem simplificada e de distribuição gratuita. É preciso estar atento, porém, ao preparo antecipado da aula com essa estratégia para não perder o foco e ter opções em caso de falhas, pois todos estão sujeitos a isso.
- **Uso de redes sociais** – O uso de redes sociais cresce a cada dia, sendo, muitas vezes, importantes canais de comunicação entre os alunos e suas famílias, seus amigos, colegas de trabalho e o mundo em geral. WhatsApp, Facebook, Instagram e Twitter, entre outras redes, podem ser fontes valiosas de atividades em sala de aula. Por exemplo, a retirada de um artigo do Facebook, uma postagem de um artista influente no Instagram ou uma mensagem tendenciosa recebida em um grupo do WhatsApp podem servir de base para discussões a respeito de *fake news* envolvendo temas como saúde, bem-estar e uso de produtos químicos.

- **Exploração de recursos de áudio e imagem** – Por que não começar a aula de Química com uma canção? Será que problemas da atualidade relacionados à disciplina não foram retratados em obras, poemas, pinturas, grafites e outros meios por artistas até mesmo desconhecidos? Todas essas estratégias despertam a atenção dos alunos e podem ressignificar o processo de aprendizagem. Portanto, relacionar o ensino de Química a produções artísticas permite trazer a sociedade para dentro da sala de aula e conhecer os gostos, as preferências e os talentos dos alunos.
- **Realização de trabalho interdisciplinar** – Apresentar as conexões com as demais disciplinas, além de ser instigante, mostra aos alunos as relações estabelecidas entre os conteúdos e o mundo real. O saber não é fragmentado, ao contrário, é amplo e abrangente. É possível relacionar conteúdos das disciplinas de Química, Biologia, Geografia e Matemática, por exemplo, por meio temas transversais, a fim de aumentar o interesse dos alunos por assuntos relevantes e criar uma atmosfera repleta de sinergia em sala de aula.
- **Busca por atualização** – Por meio de notícias diárias veiculadas em jornais, revistas e portais de informação, é possível enfocar situações verídicas e atualizadas em sala de aula. Muitas vezes, os docentes trabalham com livros didáticos desatualizados e obsoletos. Assim, complementar os assuntos com temas atuais pode instigar os alunos a buscar informações de qualidade e relacioná-las ao cotidiano.

- **Realização de exercícios** – Sendo a química uma ciência exata, é necessário aprimorar raciocínios por meio da resolução de exercícios. Devem-se evitar questões que envolvam memorização e aplicação mecânica de fórmulas, buscando-se a reflexão e a solução de problemas para, depois, usar ferramentas matemáticas ou outras para chegar à resposta da questão.
- **Proposição de desafios** – É preciso constantemente aprofundar os conhecimentos e não se contentar com o básico, incentivando-se os alunos, sempre que possível, a resolver desafios, mediante a proposição de atividades com nível de dificuldade de médio a difícil, de modo a mostrar a eles que são capazes de ir além do básico. Para aplicar desafios, deve-se ter conhecimento pleno dos perfis dos estudantes que compõem a turma e, assim, evitar frustrações a ponto de gerar evasão escolar.

É importante lembrar que, ao unir a pedagogia tradicional a atividades diferenciadas e mais próximas da realidade dos alunos, é possível despertar neles um interesse significativo pela aprendizagem. Não se pode ter receio de compartilhar experiências e pedir auxílio quando necessário. Se preciso, o professor deve conversar com os estudantes sobre estratégias que eles gostariam que fossem aplicadas. Sendo a EJA uma modalidade muito heterogênea em público e em abordagens, estratégias que funcionam bem em determinada turma podem não ser tão satisfatórias em outras e, portanto, o olhar atento do professor para identificar esse território fértil em cada situação é fundamental.

Síntese

Neste capítulo, discutimos algumas questões pontuais que envolvem o ensino de Química na EJA. Muitas são as dificuldades enfrentadas por professores em todos os segmentos e modalidades de ensino, mas, na EJA, os problemas são mais graves, tendo em vista o perfil do público, a complexidade da disciplina e as metodologias diversas utilizadas pelos professores em sala de aula.

As responsabilidades assumidas pelos docentes são diversas, como a necessidade de considerar as experiências e os anseios trazidos pelos alunos e de mudar os paradigmas dos estudantes e o sentimento que eles têm de que são incapazes de aprender ou de que não têm os pré-requisitos para compreender a disciplina. Essas mudanças podem ocorrer por meio de adaptações e tomadas de decisão que insiram a química no contexto desses jovens e adultos e facilitem a compreensão de sua linguagem própria.

Vimos que, por meio de práticas diferenciadas que tenham como objetivos principais a priorização e a valorização do aprendizado dos alunos, é possível construir sua autonomia na aprendizagem no ambiente escolar. Essas práticas envolvem conceitos ligados ao método freireano, que visa ao uso de temas geradores para abordagem em sala de aula. O professor pode, portanto, contextualizar e apresentar os conhecimentos e as habilidades propostos para a disciplina de forma a permitir que o aluno, com suas experiências diárias, participe ativamente do processo de construção do conhecimento.

A respeito dos conteúdos de Química a serem trabalhados, destacamos que o tempo reduzido e a carga de conteúdos muito vasta exigem um planejamento cuidadoso do professor para selecionar critérios para o trabalho em sala de aula. Assim, a estrutura curricular demanda adequação não só às diretrizes governamentais, mas também ao perfil do grupo que constitui a turma de EJA, considerando-se temas transversais e eixos temáticos, entre outros elementos. Portanto, a consulta aos parâmetros curriculares nacionais e regionais é fundamental para a articulação entre o proposto e o praticado.

Observamos que diversas metodologias podem ser aplicadas ao ensino de Química, desde as tradicionais, adaptadas ao contexto da turma, até as mais inovadoras e atuais, que permitem o uso de tecnologias e de ferramentas para a facilitação do processo. Métodos unidirecionais, em que o professor é o único detentor e transmissor dos saberes, não são efetivos e precisam ser adaptados ou substituídos por outros que visem ao desenvolvimento e à formação de cidadãos reflexivos e autônomos.

Por fim, o trabalho contextualizado e prático, que exige discussão e compreensão dos fenômenos envolvidos, aliado ao uso de metodologias ativas, é comprovadamente proveitoso e pode contribuir para a geração de atividades nas quais os alunos apliquem os conceitos aprendidos em Química e, assim, ocorra uma formação crítica e transformadora da realidade dos sujeitos da EJA.

Atividades de autoavaliação

1. São situações que envolvem atividades diferenciadas no ensino de Química para a EJA:
    I.   O uso de redes sociais para a contextualização em sala de aula.
    II. A resolução de exercícios contextualizados voltados à aplicação de conceitos aprendidos em sala de aula.
    III. A resolução de exercícios voltados à aplicação de conceitos aprendidos em sala de aula.
    IV. A leitura do livro didático e a resolução de exercícios.
    V.   A leitura crítica de matérias de jornais e a discussão em sala de aula.

    Assinale a alternativa que apresenta as proposições corretas:
    a) I, II e III.
    b) I, II e IV.
    c) I, III e IV.
    d) I, II e V.
    e) II, III e V.

2. A possibilidade de inserir o aluno no universo de trabalho de um químico ou na aplicação dos conceitos de química em seu cotidiano, mostrando-se como os processos químicos se dão, como transformam a matéria, quais são os conceitos evolvidos e as consequências micro e macroscópicas observadas, de modo a levá-lo a ter uma visão do todo, permite:

a) ensinar conceitos de reações químicas, transformações e demais processos que não poderão ser aplicados na realidade da EJA.
b) romper paradigmas a respeito da dificuldade de aprendizagem de conceitos de química vivenciada pelo público da EJA.
c) avaliar os alunos em exames de alto rigor e condicionar a aprovação ao bom desempenho nessas avaliações.
d) trabalhar conceitos de forma conteudista e concentrar-se em avaliações periódicas.
e) contextualizar o ensino da disciplina de Química com o mundo do trabalho e avaliar periodicamente os alunos de forma rigorosa.

3. No que se refere aos critérios que precisam ser considerados para a seleção de conteúdos a serem trabalhados no currículo de Química em turmas de EJA, analise as afirmações a seguir e marque V para as verdadeiras e F para as falsas.
   ( ) Deve-se analisar a relevância do conteúdo para os alunos dos pontos de vista social, científico e cultural.
   ( ) É necessário considerar o tempo reduzido em relação à educação básica regular para elencar conteúdos significativos.
   ( ) É preciso priorizar o desenvolvimento de habilidades de representação, comunicação, investigação, compreensão e contextualização sociocultural.
   ( ) É importante verificar os parâmetros e as orientações regionais voltados à EJA.

Assinale a alternativa que corresponde à sequência correta:
a) V, V, V, V.
b) F, V, F, V.
c) F, F, V, V.
d) V, F, F, V.
e) F, F, F, V.

4. Sendo a experimentação uma das metodologias mais utilizadas no ensino de Química, assinale a alternativa que indique um ponto fraco relacionado a essa estratégia:
   a) Ela não agrada ao público de sala de aula, pois torna a aula monótona e sem possibilidade de interação.
   b) Se não for bem elaborada e relacionada ao conteúdo, pode não contribuir para o processo de aprendizagem.
   c) Como os reagentes são de difícil acesso e de custo elevado, é praticamente impossível realizar aulas práticas em turmas de EJA.
   d) A experimentação não apresenta pontos fracos, sendo eficaz em sua totalidade.
   e) Pode gerar mais dúvidas e comprometer o trabalho em sala de aula, pois não elucida o conteúdo.

5. Assinale a alternativa que descreve corretamente o uso de atividades diferenciadas em sala de aula, aliado à prática pedagógica do professor:
   a) Gera consideráveis mudanças nas legislações voltadas à educação.
   b) Não é importante, pois os procedimentos tradicionais já geram bons resultados.

c) Desperta um interesse significativo pela aprendizagem nos alunos, podendo melhorar os resultados apresentados por eles.
d) Contribui para o processo de ensino, mas não mostra resultados significativos no processo de aprendizagem.
e) Cria mudanças nas legislações voltadas à educação, porém não contribui para o processo de aprendizagem.

Atividades de aprendizagem

Questões para reflexão

1. O quanto, como professores, somos responsáveis pelas frustrações dos alunos na disciplina de Química? Estamos adotando práticas didáticas e metodologias diferenciadas para atender às atuais demandas de sala de aula ou estamos nos prendendo a antigas técnicas de transmissão de conteúdos? Reflita sobre sua postura em sala de aula ou sobre o comportamento que deseja adotar.

2. Vimos que o trabalho contextualizado no ensino de Química é fundamental e exige muito preparo do professor, pois não basta mencionar exemplos de sua aplicação no cotidiano, é necessário buscar curiosidades e estabelecer relações entre esses conteúdos e o dia a dia dos alunos, propondo-se situações problemáticas reais que eles possam compreender e resolver. Considerando que a contextualização está prevista

nos PCN, esboce uma situação de aplicação dessa proposta metodológica envolvendo algum conteúdo trabalhado em sala de aula na disciplina de Química com alunos de EJA.

Atividade aplicada: prática

1. O plano de aula é fundamental quando planejamos qualquer atividade em sala de aula, pois por meio dele podemos identificar as possíveis ações dos alunos no decorrer do encontro e prever alterações e mudanças necessárias. Elabore um plano de aula pensando em um tema gerador que poderia surgir em um contexto de sala de aula de EJA e proponha uma atividade diferenciada para seu trabalho em uma hora de aula.

   Orientações para a elaboração do plano de aula:

   - Conteúdo: da disciplina de Química.
   - Carga horária: 1 hora-aula.
   - Organização pedagógica: a perspectiva de utilização do recurso será aquela que evidencia o aluno como agente ativo de seu processo de aprendizagem.
   - Recursos: digitais ou metodológicos apresentados neste capítulo.
   - Observação: descreva detalhadamente a metodologia, a forma de utilização do recurso, a avaliação e o impacto da aula na aprendizagem do aluno.

Considerações finais

Neste livro, vimos que a modalidade da educação de jovens e adultos (EJA) é repleta de particularidades que, muitas vezes, não são compreendidas por professores já formados ou em formação. O caminho da EJA no Brasil apresenta um rico e extenso histórico, mas, ao ser analisado de maneira crítica, podemos concluir que muito foi obtido por meio das mãos de sujeitos e de organizações populares que tomaram para si as dores dos menos favorecidos e excluídos da sociedade, que desejavam ter uma atuação cidadã efetiva, não apenas por meio do voto, mas também mediante o debate sobre o assunto, e geraram mudanças significativas.

A postura governamental em relação à EJA apresenta posicionamentos tímidos, considerando-a ora como um movimento particular, ora como uma modalidade de educação básica que não pode ser tratada de forma distinta, haja vista a carga de compensação histórica para com os sujeitos. É fato que as verbas destinadas à educação brasileira não condizem com o necessário, configurando um cenário de sucateamento do ensino público. No entanto, vozes preocupadas com a educação de qualidade clamam por auxílio e mudam, a cada dia, o painel educacional brasileiro.

Como discutido nos capítulos desta obra, conhecer os protagonistas da EJA constitui o primeiro passo para instaurar um panorama de ensino e aprendizagem efetivo. Ao conhecer as necessidades, as identidades, as histórias e os contextos em que se inserem os sujeitos dessa modalidade, criam-se possibilidades de vínculo e de aplicação das teorias voltadas para a significação de saberes no âmbito desse ensino, defendidas por Paulo Freire em suas obras e em seus trabalhos realizados na década de 1960.

Por conseguinte, entre adaptações e modificações curriculares, a proposta de formar sujeitos autônomos e conscientes de seus papéis na sociedade, atuantes de forma crítica no mercado de trabalho, depende do empenho constante de educadores, gestores e demais participantes do processo educacional. É fundamental pensar nos sujeitos no centro desse percurso, que não é voltado apenas ao ensino de Química, mas de uma totalidade de saberes, constituídos pela construção e reconstrução de conhecimentos presentes no cotidiano.

Em nossa abordagem, discutimos as mais diversas nuances relacionadas à EJA no contexto atual e vimos formas diferenciadas de atuação do professor em turmas de Química para a EJA. Como professores ou futuros docentes, precisamos repensar posturas e metodologias que não cabem mais nos dias atuais.

A reprodução mecânica de conteúdos e a chamada *educação bancária* não contribuem para a formação plena dos sujeitos da EJA, tampouco permitem valorizar essa rica parcela da população que traz consigo experiências e propósitos ancorados em anseios e desejo de modificar a realidade, em um vontade de sair da situação de oprimidos, de passar a ser uma voz que clama por mudanças e justiça. Esperamos, todos, fazer parte dessa transformação como educadores atuantes e capazes.

Lista de siglas

ABC – Ação Básica Cristã
BNCC – Base Nacional Comum Curricular
CEAA – Campanha de Educação de Adolescentes e Adultos
CEB – Câmara de Educação Básica
Cebeja – Centro de Educação Básica para Jovens e Adultos
CNE – Conselho Nacional de Educação
CNEA – Campanha Nacional de Erradicação do Analfabetismo
CNER – Campanha Nacional de Educação Rural
CNBB – Conferência Nacional dos Bispos do Brasil
Coeja – Coordenação Geral de Educação de Jovens e Adultos
Confintea – Conferência Internacional de Educação de Adultos
DCN – Diretrizes Curriculares Nacionais
EJA – Educação de jovens e adultos
Enade – Exame Nacional de Desempenho dos Estudantes
Enem – Exame Nacional do Ensino Médio
EPT – Educação profissional e tecnológica
Fundação Educar – Fundação Nacional para Educação de Jovens e Adultos
IBGE – Instituto Brasileiro de Geografia e Estatística
LDB – Lei de Diretrizes e Bases da Educação Nacional
MCP – Movimento de Cultura Popular
MEB – Movimento de Educação de Base
MEC – Ministério da Educação
Mobral – Movimento Brasileiro de Alfabetização
Mova Brasil – Movimento de Alfabetização de Jovens e Adultos

ONG – Organização não governamental
ONU – Organização das Nações Unidas
PCN – Parâmetros Curriculares Nacionais
PCNEM – Parâmetros Curriculares Nacionais do Ensino Médio
PNA – Plano Nacional de Alfabetização
Pnad Contínua – Pesquisa Nacional por Amostra de Domicílios Contínua
PNE – Plano Nacional de Educação
pp – ponto percentual (pp)
PPP – Projeto político-pedagógico
Proeja – Programa Nacional de Integração da Educação Profissional com a Educação Básica na Modalidade de Educação de Jovens e Adultos
Projovem – Programa Nacional de Inclusão de Jovens
Recid – Rede de Educação Cidadã
Rede Certfic – Rede Nacional de Certificação Profissional e Formação Inicial e Continuada
SEA – Serviço de Educação de Adultos
Senac – Serviço Nacional de Aprendizagem Comercial
Senai – Serviço Nacional de Aprendizagem Industrial
Unesco – Organização das Nações Unidas para a Educação, a Ciência e a Cultura
Usaid – Agência dos Estados Unidos para o Desenvolvimento Internacional

Referências

ALMEIDA, A. de; CORSO, A. M. A educação de jovens e adultos: aspectos históricos e sociais. In: CONGRESSO NACIONAL DE EDUCAÇÃO – EDUCERE, 12., 2015, Curitiba. **Anais**… Curitiba: Ed. Universitária Champagnat, 2015. Disponível em: <https://educere.bruc.com.br/arquivo/pdf2015/22753_10167.pdf>. Acesso em: 25 jan. 2021.

ALMEIDA, E. C. S. de et al. Contextualização do ensino de Química: motivando alunos de ensino médio. In: ENCONTRO DE EXTENSÃO UNIVERSITÁRIA, 10., 2008, João Pessoa. **Anais**… João Pessoa: Ed. da UFPB, 2008. Disponível em: <http://www.prac.ufpb.br/anais/xenex_xienid/x_enex/ANAIS/Area4/4CCENDQPEX01.pdf>. Acesso em: 3 fev.2 021.

ALMEIDA, J. R. P. de. **História da instrução pública no Brasil**: 1500-1889. São Paulo: Ed. da PUC-SP; Brasília: MEC/Inep, 2000.

BACICH, L.; MORAN, J. (Org.). **Metodologias ativas para uma educação inovadora**: uma abordagem téorico-prática. Porto Alegre: Penso, 2018.

BASEGIO, L. J.; BORGES, M. de C. **Educação de jovens e adultos**: reflexões sobre novas práticas pedagógicas. Curitiba: InterSaberes, 2013.

BEISIEGEL, C. R. A política de educação de jovens e adultos analfabetos no Brasil. In: OLIVEIRA, D. A. (Org.). **Gestão democrática da educação**: desafios contemporâneos. Petrópolis: Vozes, 1997. p. 207-245.

BONENBERGER, C. J. et al. O fumo como tema gerador no ensino de química para alunos da EJA. In: REUNIÃO ANUAL DA SOCIEDADE BRASILEIRA DE QUÍMICA, 29., 2006, Águas de Lindoia. **Anais**…Águas de Lindoia: SBQ, 2006. Disponível em: <http://sec.sbq.org.br/cdrom/29ra/resumos/T0708-2.pdf>. Acesso em: 2 fev. 2021.

BRASIL. Constituição (1824). **Coleção de Leis do Império do Brasil**, Rio de Janeiro, 25 mar. 1824. Disponível em: <http://www.planalto.gov.br/ccivil_03/constituicao/constituicao24.htm>. Acesso em 27 jan. 2021.

BRASIL. Constituição (1891). **Diário Oficial da União**, Rio de Janeiro, DF, 24 fev. 1891. Disponível em: <http://www.planalto.gov.br/ccivil_03/constituicao/constituicao91.htm>. Acesso em 27 jan. 2021.

BRASIL. Constituição (1934). **Diário Oficial da União**, Rio de Janeiro, DF, 16 jul. 1934. Disponível em: <http://www.planalto.gov.br/ccivil_03/constituicao/constituicao34.htm>. Acesso em 25 jan. 2021.

BRASIL. Constituição (1988). **Diário Oficial da União**, Brasília, DF, 5 out. 1988. Disponível em: <http://www.planalto.gov.br/ccivil_03/constituicao/constituicao.htm>. Acesso em: 27 jan. 2021.

BRASIL. Decreto n. 7, de 20 de novembro de 1889. **Coleção de Leis do Brasil**, Poder Executivo, Rio de Janeiro, 20 nov. 1889. Disponível em: <http://www.planalto.gov.br/ccivil_03/decreto/1851-1899/D0007.htm>. Acesso em: 25 jan. 2021.

BRASIL. Decreto n. 5.478, de 24 de junho de 2005. **Diário Oficial da União**, Poder Executivo, Brasília, DF, 1º jul. 2005a. Disponível em: <https://www2.camara.leg.br/legin/fed/decret/2005/decreto-5478-24-junho-2005-537577-norma-pe.html>. Acesso em: 25 jan. 2021.

BRASIL. Decreto n. 5.840, de 13 de julho de 2006. **Diário Oficial da União**, Poder Executivo, Brasília, DF, 14 jul. 2006. Disponível em: <http://www.planalto.gov.br/ccivil_03/_ato2004-2006/2006/decreto/D5840.htm>. Acesso em: 25 jan. 2021.

BRASIL. Decreto n. 7.247, de 19 de abril de 1879. **Coleção de Leis do Império do Brasil**, Poder Executivo, Rio de Janeiro, 19 abr. 1879. Disponível em: <https://www2.camara.leg.br/legin/fed/decret/1824-1899/decreto-7247-19-abril-1879-547933-publicacaooriginal-62862-pe.html>. Acesso em: 25 jan. 2021.

BRASIL. Decreto n. 16.782-A, de 13 de janeiro de 1925. **Diário Oficial da União**, Poder Executivo, Rio de Janeiro, DF, 7 abr. 1925. Disponível em: <http://www.planalto.gov.br/ccivil_03/decreto/1910-1929/D16782aimpressao.htm>. Acesso em: 25 jan. 2021.

BRASIL. Decreto n. 19.513, de 25 de agosto de 1945. **Diário Oficial da União**, Poder Executivo, Rio de Janeiro, DF, 30 ago. 1945. Disponível em: <https://www2.camara.leg.br/legin/fed/decret/1940-1949/decreto-19513-25-agosto-1945-479511-publicacaooriginal-1-pe.html>. Acesso em: 25 jan. 2021.

BRASIL. Decreto n. 50.370, de 21 de março de 1961. **Diário Oficial da União**, Poder Executivo, Brasília, DF, 22 mar. 1961a. Disponível em: <https://www2.camara.leg.br/legin/fed/decret/1960-1969/decreto-50370-21-marco-1961-390046-publicacaooriginal-1-pe.html>. Acesso em: 25 jan. 2021.

BRASIL. Decreto n. 91.980, de 25 de dezembro de 1985. **Diário Oficial da União**, Poder Executivo, Brasília, DF, 26 nov. 1985. Disponível em: <https://www2.camara.leg.br/legin/fed/decret/1980-1987/decreto-91980-25-novembro-1985-442685-publicacaooriginal-1-pe.html>. Acesso em: 25 jan. 2021.

BRASIL. Decreto-Lei n. 4.958, de 14 de novembro de 1942. **Diário Oficial da União**, Poder Executivo, Rio de Janeiro, DF, 14 nov. 1942. Disponível em: <https://www2.camara.leg.br/legin/fed/declei/1940-1949/decreto-lei-4958-14-novembro-1942-414976-norma-pe.html>. Acesso em: 25 jan. 2021.

BRASIL. Decreto-Lei n. 8.259, de 2 de janeiro de 1946. **Diário Oficial da União**, Poder Executivo, Rio de Janeiro, DF, 4 jan. 1946. Disponível em: <https://www2.camara.leg.br/legin/fed/declei/1940-1949/decreto-lei-8529-2-janeiro-1946-458442-publicacaooriginal-1-pe.html>. Acesso em: 25 jan. 2021.

BRASIL. Emenda Constitucional n. 14, de 12 de setembro de 1996. **Diário Oficial da União**, Poder Legislativo, Brasília, DF, 13 set. 1996a. Disponível em: <http://www.planalto.gov.br/ccivil_03/constituicao/emendas/emc/emc14.htm>. Acesso em: 25 jan. 2021.

BRASIL. Lei n. 16, de 12 de agosto de 1834. **Coleção de Leis do Império do Brasil**, Poder Executivo, Rio de Janeiro, 16 ago. 1834. Disponível em: <http://www.planalto.gov.br/ccivil_03/leis/lim/lim16.htm>. Acesso em: 25 jan. 2021.

BRASIL. Lei n. 3.327-A, de 3 de dezembro de 1957. **Diário Oficial da União**, Poder Legislativo, Rio de Janeiro, DF, 14 dez. 1957. Disponível em: <http://www.planalto.gov.br/ccivil_03/leis/1950-1969/L3327-A.htm>. Acesso em: 25 jan. 2021.

BRASIL. Lei n. 4.024, de 20 de dezembro de 1961 **Diário Oficial da União**, Poder Legislativo, Brasília, DF, 27 dez. 1961b. Disponível em: <http://www.planalto.gov.br/Ccivil_03/leis/L4024.htm>. Acesso em: 25 jan. 2021.

BRASIL. Lei n. 5.379, de 15 de dezembro de 1967. **Diário Oficial da União**, Poder Legislativo, Brasília, DF, 19 dez. 1967. Disponível em: <https://www2.camara.leg.br/legin/fed/lei/1960-1969/lei-5379-15-dezembro-1967-359071-publicacaooriginal-1-pl.html>. Acesso em: 25 jan. 2021.

BRASIL. Lei n. 5.692, de 11 de agosto de 1971. **Diário Oficial da União**, Poder Legislativo, Brasília, DF, 12 ago. 1971. Disponível em: <https://www2.camara.leg.br/legin/fed/lei/1970-1979/lei-5692-11-agosto-1971-357752-publicacaooriginal-1-pl.html>. Acesso em: 25 jan. 2021.

BRASIL. Lei n. 9.394, de 20 de dezembro de 1996. **Diário Oficial da União**, Poder Legislativo, Brasília, DF, 23 dez. 1996b. Disponível em: <http://www.planalto.gov.br/ccivil_03/leis/l9394.htm>. Acesso em: 25 jan. 2021.

BRASIL. Lei n. 10.172, de 9 de janeiro de 2001. **Diário Oficial da União**, Poder Legislativo, Brasília, DF, 10 jan. 2001. Disponível em: <https://www.planalto.gov.br/ccivil_03/leis/leis_2001/l10172.htm>. Acesso em: 8 fev. 2021.

BRASIL. Lei n. 11.129, de 30 de junho de 2005. **Diário Oficial da União**, Poder Executivo, Brasília, DF, 27 jun. 2005b. Disponível em: <http://www.planalto.gov.br/ccivil_03/_Ato2004-2006/2005/Lei/L11129.htm>. Acesso em: 25 jan. 2021.

BRASIL. Lei n. 11.692, de 10 de junho de 2008. **Diário Oficial da União**, Poder Legislativo, Brasília, DF, 11 jun. 2008a. Disponível em: <https://www2.camara.leg.br/legin/fed/lei/2008/lei-11692-10-junho-2008-576294-norma-pl.html>. Acesso em: 25 jan. 2021.

BRASIL. Lei n. 13.005, de 25 de junho de 2014. **Diário Oficial da União**, Poder Legislativo, Brasília, DF, 26 jun. 2014. Disponível em: <http://www.planalto.gov.br/ccivil_03/_ato2011-2014/2014/lei/l13005.htm>. Acesso em: 25 jan. 2021.

BRASIL. Lei n. 13.415, de 16 de fevereiro de 2017. **Diário Oficial da União**, Poder Executivo, Brasília, DF, 17 fev. 2017a. Disponível em: <http://www.planalto.gov.br/ccivil_03/_ato2015-2018/2017/lei/l13415.htm>. Acesso em: 1º fev. 2021.

BRASIL. Lei n. 13.632, de 6 de março de 2018. **Diário Oficial da União**, Poder Legislativo, Brasília, DF, 7 mar. 2018a. Disponível em: <https://www.planalto.gov.br/ccivil_03/_ato2015-2018/2018/lei/l13632.htm>. Acesso em: 25 jan. 2021.

BRASIL. Ministério da Educação e Saúde. Portaria n. 57, de 30 de janeiro de 1947. **Diário Oficial da União**, Poder Executivo, Rio de Janeiro, DF, 3 fev. 1947.

BRASIL. Ministério da Educação. **Base Nacional Comum Curricular**: educação é a base. Brasília: MEC, 2018b. Disponível em: <http://basenacionalcomum.mec.gov.br/images/BNCC_EI_EF_110518_versaofinal_site.pdf>. Acesso em: 1º fev. 2021.

BRASIL. Ministério da Educação. **Parâmetros Curriculares Nacionais**: Ensino Médio. Brasília: MEC, 2000a. Parte III: Ciências da Natureza, Matemática e suas Tecnologias. Disponível em: <http://portal.mec.gov.br/seb/arquivos/pdf/ciencian.pdf>. Acesso em: 3 fev. 2021.

BRASIL. Ministério da Educação. Conselho Nacional de Educação. Câmara de Educação Básica. Parecer CNE/CEB n. 2, de 16 de março de 2005. **Diário Oficial da União**, Poder Executivo, Brasília, DF, 2 jun. 2005c. Disponível em: <http://portal.mec.gov.br/cne/arquivos/pdf/pceb002_05.pdf>. Acesso em: 27 jan. 2021.

BRASIL. Ministério da Educação. Conselho Nacional de Educação. Câmara de Educação Básica. Parecer CNE/CEB n. 5, de 4 de maio de 2011. **Diário Oficial da União**, Poder Executivo, Brasília, DF, 24 jan. 2012. Disponível em: <http://portal.mec.gov.br/index.php?option=com_docman&view=download&alias=8016-pceb005-11&category_slug=maio-2011-pdf&Itemid=30192>. Acesso em: 27 jan. 2021.

BRASIL. Ministério da Educação. Conselho Nacional de Educação. Câmara de Educação Básica. Parecer CNE/CEB n. 6, de 7 de abril de 2010. **Diário Oficial da União**, Poder Executivo, Brasília, DF, 7 abr. 2010a. Disponível em: <http://portal.mec.gov.br/index.php?option=com_docman&view=download&alias=5366-pceb006-10&category_slug=maio-2010-pdf&Itemid=30192>. Acesso em: 27 jan. 2021.

BRASIL. Ministério da Educação. Conselho Nacional de Educação. Câmara de Educação Básica. Parecer CNE/CEB n. 11, de 10 de maio de 2000. **Diário Oficial da União**, Poder Executivo, Brasília, DF, 9 jun. 2000b. Disponível em: <http://portal.mec.gov.br/cne/arquivos/pdf/PCB11_2000.pdf>. Acesso em: 27 jan. 2021.

BRASIL. Ministério da Educação. Conselho Nacional de Educação. Câmara de Educação Básica. Parecer CNE/CEB n. 23, de 8 de outubro de 2008. **Diário Oficial da União**, Poder Executivo, Brasília, DF, 8 out. 2008b. Disponível em: <http://portal.mec.gov.br/index.php?option=com_docman&view=download&alias=14331-pceb023-08&category_slug=outubro-2013-pdf&Itemid=30192>. Acesso em: 27 jan. 2021.

BRASIL. Ministério da Educação. Conselho Nacional de Educação. Câmara de Educação Básica. Resolução CEB n. 2, de 7 de abril de 1998. **Diário Oficial da União**, Poder Executivo, Brasília, DF, 7 abr. 1998a. Disponível em: <http://portal.mec.gov.br/dmdocuments/resolucao_ceb_0298.pdf>. Acesso em: 26 mar. 2021.

BRASIL. Ministério da Educação. Conselho Nacional de Educação. Câmara de Educação Básica. Resolução CNE/CEB n. 1, de 5 de julho de 2000. **Diário Oficial da União**, Poder Executivo, Brasília, DF, 19 jul. 2000c. Disponível em: <http://portal.mec.gov.br/cne/arquivos/pdf/CEB012000.pdf>. Acesso em: 27 jan. 2021.

BRASIL. Ministério da Educação. Conselho Nacional de Educação. Câmara de Educação Básica. Resolução CNE/CEB n. 3, de 26 de junho de 1998. **Diário Oficial da União**, Poder Executivo, Brasília, DF, 5 ago. 1998b. Disponível em: <http://portal.mec.gov.br/cne/arquivos/pdf/rceb03_98.pdf>. Acesso em: 8 fev. 2021.

BRASIL. Ministério da Educação. Conselho Nacional de Educação. Câmara de Educação Básica. Resolução CNE/CEB n. 3, de 15 de junho de 2010. **Diário Oficial da União**, Poder Executivo, Brasília, DF, 15 jun. 2010b. Disponível em: <http://portal.mec.gov.br/index.php?option=com_docman&view=download&alias=5642-rceb003-10&category_slug=junho-2010-pdf&Itemid=30192>. Acesso em: 27 jan. 2021.

BRASIL. Ministério da Educação. Conselho Nacional de Educação. Câmara de Educação Básica. Resolução CNE/CEB n. 3, de 21 de novembro de 2018. **Diário Oficial da União**, Poder Executivo, Brasília, DF, 22 nov. 2018c. Disponível em: <http://novoensinomedio.mec.gov.br/resources/downloads/pdf/dcnem.pdf>. Acesso em: 1º fev. 2021.

BRASIL. Ministério da Educação. Conselho Nacional de Educação. Câmara de Educação Superior. Resolução CNE/CES n. 1, de 11 de março de 2016. **Diário Oficial da União**, Poder Executivo, Brasília, DF, 11 mar. 2016. Disponível em: <http://portal.mec.gov.br/index.php?option=com_docman&view=download&alias=35541-res-cne-ces-001-14032016-pdf&category_slug=marco-2016-pdf&Itemid=30192>. Acesso em: 27 jan. 2021.

BRASIL. Ministério da Educação. Fundo Nacional de Desenvolvimento da Educação. Conselho Deliberativo. Resolução FNDE/CD n. 5, de 31 de março de 2017. **Diário Oficial da União**, Poder Executivo, Brasília, DF, 3 abr. 2017b. Disponível em: <https://www.fnde.gov.br/index.php/centrais-de-conteudos/publicacoes/category/99-legislacao?download=12221:resolu%C3%A7%C3%A3o-n%C2%B0-5,-de-31-de-mar%C3%A7o-de-2017-cd-fnde-mec>. Acesso em: 27 jan. 2021.

BRASIL. Ministério da Educação. Instituto Nacional de Estudos e Pesquisas Educacionais Anísio Teixeira. **Mapa do analfabetismo no Brasil**. Brasília, 2000d. Disponível em: <http://portal.inep.gov.br/informacao-da-publicacao/-/asset_publisher/6JYIsGMAMkW1/document/id/6978610>. Acesso em: 3 fev. 2021.

BRASIL. Ministério da Educação. Secretaria de Educação Fundamental. **Ciências naturais na educação de jovens e adultos**. Brasília, 2002a. v. 3. Disponível em: <http://portal.mec.gov.br/secad/arquivos/pdf/eja/propostacurricular/segundosegmento/vol3_ciencias.pdf>. Acesso em: 19 nov. 2020.

BRASIL. Ministério da Educação. Secretaria de Educação Fundamental. **Proposta curricular para a educação de jovens e adultos**: segundo segmento do ensino fundamental (5ª a 8ª série) – introdução. Brasília, 2002b. v. 1. Disponível em: <http://portal.mec.gov.br/secad/arquivos/pdf/eja_livro_01.pdf>. Acesso em: 28 jan. 2021.

BRASIL. Ministério da Educação. Secretaria de Educação Profissional e Tecnológica. **Proeja**: Programa Nacional de Integração da Educação Profissional com a Educação Básica na Modalidade de Educação de Jovens e Adultos. Brasília, 2007. Disponível em: <http://portal.mec.gov.br/setec/arquivos/pdf2/proeja_medio.pdf>. Acesso em: 1º fev. 2021.

BRUNELLI, O. A. **Concepções de EJA, de ensino e de aprendizagem de matemática de formadores de professores e suas implicações na oferta de formação continuada para docentes de Matemática**. Dissertação (Mestrado em Educação) – Universidade Federal do Mato Grosso, Cuiabá, 2012.

BUDEL, G. J. **Ensino de Química para a educação de jovens e adultos buscando uma abordagem ciência, tecnologia e sociedade**. Dissertação (Mestrado em Ensino de Ciências) – Universidade Tecnológica Federal do Paraná, Curitiba, 2016. Disponível em: <http://repositorio.utfpr.edu.br/

jspui/bitstream/1/1991/2/CT_PPGFCET_M_Budel%2C%20Geraldo%20Jos%C3%A9_2016.pdf>. Acesso em: 2 fev. 2021.

CARNEIRO, G. **Educação popular**: uma formação libertadora. Curitiba: InterSaberes, 2020.

CAVALCANTE, B. P. et al. Metodologias alternativas no ensino de Química para o ensino de jovens e adultos (EJA): estudando os átomos de maneira lúdica e dinâmica. In: CONGRESSO NACIONAL DE EDUCAÇÃO – CONEDU, 3., 2016, Natal. **Anais**… Campina Grande: Realize, 2016. Disponível em: <https://editorarealize.com.br/artigo/visualizar/21407>. Acesso em: 2 fev. 2021.

COSTA, C. B. Educação de jovens e adultos (EJA) e o mundo do trabalho: trajetória histórica de afirmação e negação de direito à educação. **Paidéia**, Belo Horizonte, ano 10, n. 15, p. 59-83, jul./dez. 2013. Disponível em: <http://revista.fumec.br/index.php/paideia/article/view/2403/1448>. Acesso em: 1º fev. 2021.

COSTA, N. M. V. et al. Concepções da educação de jovens e adultos e da educação popular no Brasil: um estudo à luz de Paulo Freire. In: CONGRESSO NACIONAL DE EDUCAÇÃO – EDUCERE, 13., 2017, Curitiba. **Anais**… Curitiba: Ed. Universitária Champagnat, 2017. Disponível em: <https://educere.bruc.com.br/arquivo/pdf2017/24559_13828.pdf>. Acesso em: 28 jan. 2021.

CUNHA, L. A.; XAVIER, L. Movimento Brasileiro de Alfabetização (Mobral). In: **Centro de Pesquisa e Documentação de História Contemporânea do Brasil**. Rio de Janeiro: FGV, 2009. Disponível em: <http://www.fgv.br/CPDOC/BUSCA/dicionarios/verbete-tematico/movimento-brasileiro-de-alfabetizacao-mobral>. Acesso em: 25 jan. 2021.

FALTA de diretrizes para EJA na Base Nacional Comum preocupa educadores. **Revista Educação**, São Paulo, n. 242, 13 set. 2017. Disponível em: <https://revistaeducacao.com.br/2017/09/13/falta-de-diretrizes-para-eja-na-base-preocupa-educadores/>. Acesso em: 1º fev. 2021.

FERRARI, M. Paulo Freire, o mentor da educação para a consciência. **Nova Escola**, 1º out. 2008. Disponível em: <https://novaescola.org.br/conteudo/460/mentor-educacao-consciencia>. Acesso em: 28 jan. 2021.

FREIRE, P. **Conscientização**: teoria e prática da libertação – uma introdução ao pensamento de Paulo Freire. São Paulo: Cortez & Moraes, 1979.

FREIRE, P. **Educação como prática da liberdade**. 10. ed. Rio de Janeiro: Paz e Terra, 1980.

FREIRE, P. **Pedagogia do oprimido**. 17. ed. Rio de Janeiro: Paz e Terra, 1987.

FREIRE, P. **Professora sim, tia não**: cartas a quem ousa ensinar. São Paulo: Olho d'Água, 1993.

GADOTTI, M. Cruzando fronteiras: teoria, método e experiências freireanas. In: COLÓQUIO DAS CIÊNCIAS DA EDUCAÇÃO, 1., 2000, Lisboa. **Anais**... Lisboa: Universidade Lusófona de Humanidades e Tecnologias, 2000. Disponível em: <http://acervo.paulofreire.org:8080/xmlui/handle/7891/1140>. Acesso em: 29 jan. 2021.

GADOTTI, M. Educação popular, educação social, educação comunitária: conceitos e práticas diversas, cimentadas por uma causa comum. In: CONGRESSO INTERNACIONAL DE PEDAGOGIA SOCIAL, 4., 2012, São Paulo. **Anais**... São Paulo: Associação Brasileira de Educadores Sociais, 2012. Disponível em: <http://www.proceedings.scielo.br/pdf/cips/n4v2/13.pdf>. Acesso em: 21 jan. 2021.

GADOTTI, M. (Org.). **Paulo Freire**: uma biobibliografia. São Paulo: Cortez; Instituto Paulo Freire, 1996. Disponível em: <http://acervo.paulofreire.org:8080/jspui/bitstream/7891/3078/1/FPF_PTPF_12_069.pdf>. Acesso em: 20 nov. 2020.

GEITENS, J. C. O fazer pedagógico: relatos do ensino da Química no EJA. In: ENCONTRO DE DEBATES SOBRE O ENSINO DE QUÍMICA, 33., 2013, Ijuí. **Anais**... Ijuí: Unijuí, 2013. Disponível em: <https://www.publicacoeseventos.unijui.edu.br/index.php/edeq/article/view/2745>. Acesso em: 2 fev. 2021.

HERNANDEZ, O. **Anúncios anos 70**. 6 out. 2012. Disponível em: <https://memoriasoswaldohernandez.blogspot.com/2012/10/anuncios-dos-anos-70-de-diversos.html>. Acesso em: 25 jan. 2021.

IBGE – Instituto Brasileiro de Geografia e Estatística. **Educação 2018**: Pnad Contínua. Rio de Janeiro, 2019. Disponível em: <https://biblioteca.ibge.gov.br/index.php/biblioteca-catalogo?view=detalhes&id=2101657>. Acesso em: 25 jan. 2021.

IBGE – Instituto Brasileiro de Geografia e Estatística. **Pesquisa Nacional por Amostra de Domicílios**: Síntese de Indicadores 2015. Rio de Janeiro, 2016.

KRASILCHIK, M. **Prática de ensino de biologia**. 4. ed. São Paulo: Edusp, 2004.

LIMA, E. M. B.; OLIVEIRA, N. de; PAZ, V. S. da. Educação de jovens e adultos e mundo do trabalho: diálogos discentes e docentes na escola municipal Solange Coelho. In: CONGRESSO NACIONAL DE EDUCAÇÃO – EDUCERE, 12., 2015, Curitiba. **Anais**… Curitiba: Ed. Universitária Champagnat, 2015. Disponível em: <https://educere.bruc.com.br/arquivo/pdf2015/19972_10504.pdf>. Acesso em: 29 jan. 2021.

LIMA, P. G. Uma leitura sobre Paulo Freire em três eixos articulados: o homem, a educação e uma janela para o mundo. **Pro-Posições**, Campinas, v. 25, n. 3, p. 63-81, set./dez. 2014. Disponível em: <http://www.scielo.br/pdf/pp/v25n3/v25n3a04.pdf>. Acesso em: 28 jan. 2021.

LUCKESI, C. C. **Avaliação da aprendizagem**: componente do ato pedagógico. São Paulo: Cortez, 2011.

MACEDO, J. M. Considerações sobre a formação para o trabalho docente na EJA. In: GOUVEIA, F. P. S.; SILVA, T. M. A. (Org.). **Contribuições para o debate sobre educação de jovens e adultos**. Curitiba: Appris, 2014. p. 119-143.

MACHADO, L. R. S. Organização do currículo integrado: desafios à elaboração e implementação. In: REUNIÃO COM GESTORES ESTADUAIS DA EDUCAÇÃO PROFISSIONAL E DO ENSINO MÉDIO, 2005, Brasília. **Anais**... Brasília: MEC, 2005.

MEDEIROS NETA, O. M. et al. Organização e estrutura da educação profissional no Brasil: da Reforma Capanema às Leis de Equivalência. **Holos**, ano 34, v. 4, p. 223-235, 2018. Disponível em: <http://www2.ifrn.edu.br/ojs/index.php/HOLOS/article/download/6981/pdf#:~:text=As%20Leis%20Org%C3%A2nicas%20do%20Ensino,%2C%20agr%C3%ADcola%2C%20normal%20e%20prim%C3%A1rio.>. Acesso em: 9 fev. 2021.

MENDES, R. M.; AMARAL, F. A. do; SILVEIRA, H. E. da. O ensino de Química na educação de jovens e adultos: um olhar para os sujeitos da aprendizagem. In: ENCONTRO NACIONAL DE PESQUISA EM EDUCAÇÃO EM CIÊNCIAS, 8., 2011, Campinas. **Anais**... São Paulo: Abrapec, 2011. Disponível em: <http://abrapecnet.org.br/atas_enpec/viiienpec/resumos/R0976-1.pdf>. Acesso em: 2 fev. 2021.

MÉNDEZ, N. P. Educação de jovens e adultos e o mundo do trabalho. In: STECANELA, N. (Org.). **Cadernos de EJA 1**. Caxias do Sul: Educs, 2013. p. 37-53.

MENEGOLLA, M.; SANT'ANNA, I. M. **Por que planejar? Como planejar?**: Currículo, área, aula. 10. ed. Petrópolis: Vozes, 2001.

MUNHOZ, A. S. **Andragogia**: a educação de jovens e adultos em ambientes virtuais. Curitiba: InterSaberes, 2017.

OLIVEIRA, I. B. de. As interfaces educação popular e EJA: exigências de formação para a prática com esses grupos sociais. **Educação**, Porto Alegre, v. 33, n. 2, p. 104-110, maio/ago. 2010. Disponível em: <https://www.redalyc.org/pdf/848/84813264004.pdf>. Acesso em: 21 jan. 2021.

OLIVEIRA, I. B. de. Reflexões acerca da organização curricular e das práticas pedagógicas na EJA. **Educar**, Curitiba, n. 29, p. 83-100, 2007. Disponível em: <http://www.scielo.br/pdf/er/n29/07.pdf>. Acesso em: 1º fev. 2021.

OLIVEIRA, M. O. M. Políticas públicas, cultura e currículo: referenciais para uma análise crítica na EJA. In: BARCELOS, V.; DANTAS, T. R. (Org.). **Políticas e práticas na educação de jovens e adultos**. Petrópolis: Vozes, 2015. p. 53-78.

PAIVA, R. dos I. D. de; XAVIER, M. das D. D. Ensino e aprendizagem na EJA: perspectivas dos professores sobre os fatores que negativam o processo. In: CONGRESSO NACIONAL DE EDUCAÇÃO – CONEDU, 1., 2014, Campina Grande. **Anais**… Campina Grande: Realize, 2014. Disponível em: <http://www.editorarealize.com.br/editora/anais/conedu/2014/Modalidade_1datahora_06_08_2014_01_11_27_idinscrito_3891_e168c67547c54938000d5ed150e2d411.pdf>. Acesso em: 1º fev. 2021.

PAIVA, V. P. **Educação popular e educação de adultos**: contribuição da história da educação brasileira. São Paulo: Loyola, 1973.

PAIVA, V. P. **Educação popular e educação de adultos:** contribuição da história da educação brasileira. 5. ed. São Paulo: Loyola, 1987.

PARANÁ. Secretaria de Estado da Educação. **Gestão escolar da educação de jovens e adultos**: aspectos legais e pedagógicos. Curitiba, 2018. Unidade 2: Diversidade na EJA: valorizando os diferentes saberes. Disponível em: <http://www.gestaoescolar.diaadia.pr.gov.br/arquivos/File/gestao_em_foco/educacao_jovens_adultos_unidade2.pdf>. Acesso em: 2 fev. 2021.

PINI, F. R. de O. Educação popular e os seus diferentes espaços: educação social de rua, prisional, campo. In: CONGRESSO INTERNACIONAL DE PEDAGOGIA SOCIAL, 4., 2012, São Paulo. **Anais**… São Paulo: Associação Brasileira de Educadores Sociais, 2012. Disponível em: <http://www.proceedings.scielo.br/pdf/cips/n4v1/32.pdf>. Acesso em: 29 jan. 2021.

RECID – Rede de Educação Cidadã. **Quem somos**. Disponível em: <http://recid.redelivre.org.br/quem-somos-2/>. Acesso em: 21 jan. 2021.

SALES, S. C. F. **Educação de jovens e adultos no interior da Bahia**: programa Reaja. Tese (Doutorado em Ciências Humanas) – Universidade Federal de São Carlos, São Carlos, 2008. Disponível em: <https://repositorio.ufscar.br/bitstream/handle/ufscar/2203/2011.pdf?sequence=1&isAllowed=y>. Acesso em: 25 jan. 2021.

SILVA, C. C. J. da; LIMA, S. C. F. de. História da educação de adolescentes e adultos: campanhas de alfabetização, escolas noturnas e representações do analfabeto e de analfabetismo em Uberlândia-MG (1947-1963). **Cadernos de História da Educação**, v. 16, n. 1, p. 103-124, jan./abr. 2017. Disponível em: <http://www.seer.ufu.br/index.php/che/article/view/38241/20187>. Acesso em: 25 jan. 2021.

SILVA, E. L. **Contextualização no ensino de Química**: ideias e proposições de um grupo de professores. Dissertação (Mestrado em Ensino de Ciências) – Universidade de São Paulo, São Paulo, 2007.

SILVA, J. L. T. Princípios da educação de jovens e adultos. In: CONFERÊNCIA INTERNACIONAL DE EDUCAÇÃO DE ADULTOS, 6., 2016, Foz do Iguaçu. **Anais**... Brasília: Secad, 2016.

SILVA, L. A. Contribuições de Paulo Freire para a educação. **SEDUC-MT**, 17 dez. 2013. Disponível em: <http://www.mt.gov.br/web/seduc/-/contribuicoes-de-paulo-freire-para-a-educacao?inheritRedirect=true>. Acesso em 7 fev. 2021.

SOUSA, C. Z. de. O processo de ensino e aprendizagem e a trajetória de vida dos alunos da EJA. **FCE – Faculdade Campos Elíseos**, São Paulo, 8 out. 2018. Disponível em: <https://fce.edu.br/blog/o-processo-de-ensino-e-aprendizagem-e-a-trajetoria-de-vida-dos-alunos-da-eja/>. Acesso em: 1° fev. 2021.

SOUSA, E. et al. Métodos e práticas de ensino de Química na EJA: reflexões e perspectivas. In: CONGRESSO NACIONAL DE EDUCAÇÃO – CONEDU, 6., 2019, Fortaleza. **Anais**... Campina Grande: Realize, 2019. Disponível em: <https://www.editorarealize.com.br/artigo/visualizar/61123>. Acesso em: 1° fev. 2021.

SOUZA, M. A. de. **Educação de jovens e adultos**. Curitiba: InterSaberes, 2012.

TEIXEIRA, L. H. O. A abordagem tradicional do ensino e suas repercussões sob a percepção de um aluno. **Revista Educação em Foco**, n. 10, p. 93-103, 2018. Disponível em: <http://portal.unisepe.com.br/unifia/wp-content/uploads/sites/10001/2018/08/009_A_ABORDAGEM_TRADICIONAL_DE_ENSINO_E_SUAS_REPERCUSS%C3%95ES.pdf>. Acesso em: 28 jan. 2021.

UNESCO – Organização das Nações Unidas para a Educação, a Ciência e a Cultura. **Recomendação sobre aprendizagem e educação de adultos, 2015**. Brasília, 2017. Disponível em: <https://unesdoc.unesco.org/ark:/48223/pf0000245179_por>. Acesso em: 3 fev. 2021.

XAVIER, V. A.; GODOY, T. M. A Biologia na educação de jovens e adultos em uma perspectiva interdisciplinar: favorecendo a aprendizagem significativa. **Dia a Dia Educação**, 2008. Disponível em: <http://www.diaadiaeducacao.pr.gov.br/portals/pde/arquivos/1789-8.pdf>. Acesso em: 2 fev. 2021.

Bibliografia comentada

CAVALCANTI, E. L. D. **Role playing game e ensino de Química**. Curitiba: Appris, 2018.

    A obra procura retratar o uso de jogos de *role playing game* como estratégia pedagógica no ensino de Química, inserindo o lúdico como ferramenta para criar problematizações.

FARIA, D. S. **Química**: educação de jovens e adultos. Curitiba: InterSaberes, 2016.

    O livro apresenta sugestões de textos, exercícios e exemplos simples e claros para relacionar teoria e aplicação de assuntos trabalhados em Química voltados para turmas de EJA. É um excelente material de apoio para o professor que deseja adaptar livros didáticos em sala de aula e propor resoluções de problemas com os alunos no decorrer do curso.

GADOTTI, M. **Paulo Freire**: uma biobibliografia. São Paulo: Cortez; Instituto Paulo Freire; Brasília: Unesco, 1996. Disponível em: <http://acervo.paulofreire.org:8080/jspui/bitstream/7891/3078/1/FPF_PTPF_12_069.pdf>. Acesso em: 2 fev. 2021.

    A obra apresenta uma reunião de textos, artigos, cartas e demais escritos acerca da vida e da obra de Paulo Freire sob a ótica reflexiva da educação popular. Está dividida em duas partes principais: os escritos de Paulo Freire e as obras sobre ele. Ao apresentar a visão do filósofo e pensador e os comentários de outros estudiosos e pesquisadores, o livro funde com maestria as percepções passadas e atuais acerca da educação de jovens e adultos (EJA) de forma crítica e profunda, constituindo uma obra básica de referência do legado de Freire e uma fonte de pesquisa sobre uma das concepções mais vivas da educação contemporânea, como afirma o organizador Moacir Gadotti.

GARCIA, M. H. **Jogos lúdicos no ensino de Química**. Joinville: Clube de Autores, 2017.

A obra apresenta alguns jogos lúdicos originais e adaptados para o ensino de Química e traz debates acerca dos resultados apresentados em sala de aula.

LEAL, T. F.; ALBUQUERQUE, E. B. C. (Org.). **Desafios da educação de jovens e adultos**: construindo práticas de alfabetização. Belo Horizonte: Autêntica, 2007.

A obra é voltada à reflexão sobre a formação continuada de professores alfabetizadores do programa Brasil Alfabetizado, no Recife, em Pernambuco.

LOPES, R. M.; ALVES, N. G.; SILVA, M. V. (Org.). **Aprendizagem baseada em problemas**: fundamentos para aplicação no ensino médio e na formação de professores. Rio de Janeiro: Publiki, 2019.

O livro conta a história de um médico responsável pelo departamento de cardiologia de um grande hospital que conduz um caso de difícil solução. Ele apresenta a um grupo de internos o histórico do paciente e seus sintomas e pede sugestões de diagnóstico. Para chegarem a uma conclusão, os alunos precisam pesquisar doenças relacionadas, propor exames e interpretar os resultados e os possíveis tratamentos para solucionar o caso. Desse modo, os autores exemplificam a aplicação da aprendizagem baseada em problemas (ABP), uma estratégia de ensino e organização curricular que estimula a aquisição de novos conhecimentos por meio da resolução de problemas reais ou simulados.

MAZZÉ, F. M.; SILVA, M. G. L.; BARROS, M. T. **Propostas e materiais inovadores para o ensino de Química**. São Paulo: Livraria da Física, 2018.

A obra apresenta algumas propostas e sugere materiais didáticos que abordam de forma inovadora conteúdos de Química em turmas da educação básica e do ensino superior.

MUNHOZ, A. S. **Andragogia**: a educação de jovens e adultos em ambientes virtuais. Curitiba: InterSaberes, 2017.

 O autor expõe como os ambientes enriquecidos pela tecnologia educacional podem contribuir nos processos de ensino-aprendizagem de jovens e adultos. O livro discute o significado de *andragogia* e como cursos nesse contexto podem ser desenvolvidos, relatando as mudanças trazidas pelas tecnologias, pelas mídias sociais e pelos demais artefatos na educação e refletindo sobre elas.

PAULA, C. R.; OLIVEIRA, M. C. **Educação de jovens e adultos**: a educação ao longo da vida. Curitiba: InterSaberes, 2012.

A obra reflete sobre a EJA como um todo e discute os desafios enfrentados por professores e alunos a fim de consolidar uma educação preocupada com as necessidades de aprendizagem.

REGATTIERI, M.; CASTRO, J. M. (Org.). **Currículo integrado para o ensino médio**: das normas à prática transformadora. Brasília: Unesco, 2013. Disponível em: <https://crianca.mppr.mp.br/arquivos/File/publi/unesco/curriculo_integrado_para_o_ensino_medio_2013.pdf>. Acesso em: 2 fev. 2021.

 Os autores apresentam informações importantes a respeito do conceito e das metodologias aplicáveis à inserção do currículo integrado no ensino médio. A publicação contribui para a elaboração de conhecimentos que permitem avanços efetivos na consecução das metas da educação para todos.

SÁ, L. P.; QUEIROZ, S. L. **Estudos de caso no ensino de Química**. 2. ed. Campinas: Átomo, 2010.

 O livro trata do uso da metodologia de resolução de estudos de caso, variante da aprendizagem baseada em problemas, a fim de estimular o desenvolvimento do pensamento crítico e do aprendizado dos conceitos da área de química.

Respostas

Capítulo 1

Atividades de autoavaliação

1. d
2. b
3. c
4. a
5. b

Atividades de aprendizagem

Questões para reflexão

1. Procure apresentar relatos ou informações acerca de sua busca pela questão do analfabetismo em sua região, cidade ou bairro. Analise criticamente os dados obtidos e assuma uma postura questionadora sobre os reais motivos da falta de alfabetização da população brasileira.

2. Elabore um relatório de entrevista para ser utilizado com a pessoa selecionada. Identifique todos os fatores mencionados e compare os estilos de ensino fornecidos em muitas escolas de educação básica e de educação de jovens e adultos (EJA). Pense a respeito das oportunidades, das situações de ensino e das condições igualitárias ou equivalentes.

Capítulo 2

Atividades de autoavaliação

1. c
2. b
3. d
4. c
5. b

Atividades de aprendizagem

Questões para reflexão

1. Aponte fatores que identifiquem ou não as mudanças educacionais brasileiras sofridas ao longo da história da EJA, os processos evolutivos ou de involução, de melhora ou não da qualidade, assim como outros fatores.

2. Considere o fato de que a responsabilidade pelo desenvolvimento da modalidade da EJA no Brasil está a cargo dos municípios. Procure documentações atualizadas e em fontes seguras, como o portal da prefeitura ou a Câmaras dos Vereadores, a respeito das medidas tomadas em sua região.

Capítulo 3

Atividades de autoavaliação

1. d
2. b
3. c
4. a
5. d

Atividades de aprendizagem

Questões para reflexão

1. Elabore uma experiência hipotética de conversa com sujeitos de uma turma de EJA baseando-se em experiências de contato com a química no cotidiano e indique as medidas que você, como educador, tomaria para selecionar conteúdos de um livro didático. Aponte quais estariam de acordo e quais seriam menos necessários ou menos urgentes. Analise se em sua região é possível trabalhar com a elaboração de currículos de forma maleável ou se existem normas a serem seguidas.

2. Leve em consideração um relato do contato com a EJA no processo de alfabetização. Deixe claro, em sua resposta, se as experiências vividas e passadas por Paulo Freire e sua equipe de educadores se repetem mesmo depois de mais de 40 anos, como a investigação temática do universo vocabular dos alunos, as discussões para a criação de temas geradores e a aplicação dos métodos em sala de aula. Mencione os relatos dos alunos e sujeitos da aprendizagem.

Capítulo 4

Atividades de autoavaliação

1. b
2. d
3. c
4. b
5. c

Atividades de aprendizagem

Questões para reflexão

1. Estabeleça relações entre as questões etárias e as oportunidades de emprego. Verifique se existe idade limite para exercer a função, como são as exigências de idade para assumir vagas, se as questões de gênero e de raça ainda influenciam as contratações e os salários.

2. Discuta estratégias que podem ser utilizadas em sala de aula para relacionar a química, como ciência tecnológica, ao mundo do trabalho. Reflita sobre como abranger situações de aplicação da disciplina no contexto da indústria, da pesquisa e do desenvolvimento de tecnologias. Apresente textos e vídeos, faça visitas técnicas e busque conhecer e divulgar experiências de alunos ou de ex-alunos da EJA que atuam no campo para ilustrar a importância da disciplina.

Capítulo 5

Atividades de autoavaliação

1. a
2. d
3. b
4. e
5. c

Atividades de aprendizagem

Questões para reflexão

1. Busque informações a respeito dos currículos elaborados em sua região ou cidade para a modalidade da EJA. Atente-se para o fato de que cada cidade pode apresentar as próprias versões de currículos e orientações para a EJA, como é permitido pela legislação vigente.

2. Apresente informações pessoais a respeito dos métodos e dos procedimentos empregados em um primeiro contato seu como professor de uma turma de EJA. Faça um comparativo com a prática de um docente já atuante na modalidade, por meio de uma análise crítica e sem preconceitos, para averiguar a possibilidade de aplicação de suas ideias em escolas da região.

Capítulo 6

Atividades de autoavaliação

1. d
2. b
3. a
4. b
5. c

Atividades de aprendizagem

Questões para reflexão

1. Reflita acerca do papel do professor na atribuição de significado à aprendizagem do aluno e no trabalho para vencer barreiras sociais e metodológicas a fim de melhorar o processo de ensino e aprendizagem de Química. Pondere sobre sua postura e sobre a postura de professores que você teve em sua educação básica e superior.

2. Estabeleça relações entre algum conteúdo significativo da disciplina e situações do cotidiano. Indique aplicações da química no dia a dia e envolva os alunos em situações de resolução de problemas.

Sobre a autora

Daniele Cecília Ulsom de Araújo Checo é licenciada em Química pela Universidade Tecnológica Federal do Paraná (UTFPR); especialista em Metodologia do Ensino de Biologia e Química pelo Centro Universitário Internacional (Uninter) e em Inovações e Tecnologias na Educação pela UTFPR; e mestranda em Ensino de Ciências e Matemática também pela UTFPR. Atua há anos na educação básica, no ensino superior e em pesquisas sobre estilos de aprendizagem discente e metodologias para o ensino de Química.

Impressão:
Abril/2021